# 见微知著

## ——上海风貌保护区非保护类里弄街坊的活化更新与评价

代阳　著

机械工业出版社
CHINA MACHINE PRESS

本书针对当下迫切的城市更新需求，以上海风貌保护区非保护类里弄街坊活化更新设计实践为切入点，采用图文结合的形式，从认知传承、系统构成、评价体系和更新路径四个方面对老城区更新的文化传承路径、设计方法进行了分析和总结，阐释了上海里弄街坊活化更新设计中的人文传承路径和多元化设计方法。见微知著，为当前的老城区非保护类里弄街坊的改造与保护提供了可资借鉴的思路和方法。

本书适合广大的建筑更新设计及城市规划人员，对相关专业高校师生来说也有很好的借鉴参考价值。

**图书在版编目（CIP）数据**

见微知著：上海风貌保护区非保护类里弄街坊的活化更新与评价/代阳著．—北京：机械工业出版社，2023.8

ISBN 978-7-111-73156-6

Ⅰ.①见…　Ⅱ.①代…　Ⅲ.①胡同－建筑设计－研究－上海　Ⅳ.①TU241.5

中国国家版本馆 CIP 数据核字（2023）第 099217 号

机械工业出版社（北京市百万庄大街 22 号　邮政编码 100037）

策划编辑：薛俊高　　　　责任编辑：薛俊高　张大勇

责任校对：梁　园　李宣敏　　封面设计：张　静

责任印制：常天培

北京机工印刷厂有限公司印刷

2023 年 8 月第 1 版第 1 次印刷

169mm×239mm·10.5 印张·154 千字

标准书号：ISBN 978-7-111-73156-6

定价：59.00 元

电话服务　　　　　　　　　网络服务

客服电话：010-88361066　　机　工　官　网：www.cmpbook.com

010-88379833　　机　工　官　博：weibo.com/cmp1952

010-68326294　　金　　书　　网：www.golden-book.com



机工教育服务网：www.cmpedu.com

# 前　言

上海市于1986年12月被国务院批准为国家历史文化名城，2005年上海市颁布了一系列《上海市历史文化风貌区保护规划》[⊖]，上海历史文化风貌区（也称风貌保护区）是全国历史街区的典型代表，其人文历史资源是丰富的城市遗产，具有极高的价值，受到各界的广泛关注。里弄街坊作为上海市特有的民居形式，是近代传统大众化生活空间的典型代表，同时也是上海地方文化的重要组成部分，具有很高的文化价值和艺术价值。目前，城市更新策略着力于改善存量空间的环境品质，由“拆、改、留”转化为“留、改、拆”，上海风貌保护区内大量的非保护里弄有待更新改善。近年，上海着力打造具有国内国际影响力的知名文化品牌，增强城市的文化软实力，上海风貌保护区非保护类里弄街坊在活化更新后成为体现海派文化的重要载体，是城市构建文化品牌的无形资产和内在活力，为上海风貌保护区的环境改善和文化传承提供了一种创新思路和实践路径。

本书从人文历史的传承与创新的角度，对上海风貌保护区非保护类里弄街坊活化更新设计的评价体系和优化策略进行了调查研究，并获得了教育部人文社会科学研究“上海风貌保护区非保护类里弄街坊的活化更新与评价研究”（20YJC760012）项目资助。首先，分析非保护类里弄街坊活化更新设计的系统构成，构建以公众认知度为核心的上海风貌保护区非保护类里弄街坊活化更新的“记忆—认知”模型，确定上海风貌保护区非保护类里弄街坊活化更新的系统构成以及空间格局、建筑特征、巷弄空间、景观绿化四项子系统。其次，通过调研现状、统计和分析资料，构建非保护类里弄街坊活化更新设计评价体系，在坚持历史文化传承、以人为本、定

---

⊖ 包括《上海市外滩历史文化风貌区保护规划》《上海市人民广场历史文化风貌区保护规划》《上海市老城厢历史文化风貌区保护规划》。——校者注

性指标与定量指标相结合、客观指标与主观指标相结合、广泛性适用、层次性等设计原则的基础上，建立上海风貌保护区非保护类里弄街坊活化更新设计等级评价集。最后，提出非保护类里弄街坊活化更新设计策略，包括里弄街坊的空间格局系统、建筑特征系统、巷弄空间系统、景观绿化系统的分类活化更新设计和管控策略，用以指导上海风貌保护区范围内大量的非保护类里弄街坊的活化更新设计实践活动。

本书针对当下迫切的城市更新需求，以上海风貌保护区非保护类里弄街坊活化更新设计实践为切入点，解读里弄活化更新设计中的人文传承路径和多元化设计方法。第一，建立切实可行、具有可推广性的上海风貌保护区非保护类里弄街坊活化更新设计评价体系，规范一个完整、客观的上海风貌保护区非保护类里弄街坊活化更新概念，为上海风貌保护区范围内的非保护类里弄街坊活化更新项目提供设计依据，为审查机关进行设计成果审查及评定提供依据，同时也为相关方面的政策研究与推行提供参考。第二，提出多元化、指导性强的上海风貌保护区非保护类里弄街坊的活化更新设计方法，提高当下非保护类里弄街坊活化更新的设计和管理水平，为非保护类里弄街坊活化更新设计实践项目提供技术指导，同时促进非保护类里弄街坊在活化更新过程中对传统历史文化的创新性传承与利用。

笔者长期从事上海风貌保护区城市更新设计的相关研究，在此感谢在研究过程中各领域专家学者给予的支持；感谢我的研究生刘顿、尚可、唐银豪、张志鹏、张源源等人在本书完成过程中付出的努力；感谢朋友和家人的关爱和支持；感谢上海工程技术大学学术著作出版专项资助；感谢机械工业出版社在出版过程中给予的大力支持和精心安排，在本书即将付梓之际，致以衷心的谢意。上海风貌保护区非保护类里弄街坊的活化更新设计是一个极其复杂的课题，相关内容的研究仍在继续，学无止境，我将继续不懈努力。本书从开始动笔到最后完稿，虽经反复斟酌和推敲以力求精益求精，但错漏之处仍在所难免，敬请各位读者不吝批评指正。

上海工程技术大学　代阳

2023 年 2 月

# 目　　录

# 第1章 概 述

上海市于1986年12月被国务院批准为国家历史文化名城，2003年根据《上海市历史文化风貌区和优秀历史建筑保护条例》确定了市中心12片历史文化风貌区，2005年颁布了一系列《上海市历史文化风貌区保护规划》，在此之后不断扩大保护范围。目前，上海市共划定了44片风貌区，面积共41平方公里，城市的历史文化风貌区（也称风貌保护区）包含了丰富的城市遗产，是城市人文历史精髓的体现，具有极高的艺术价值，因而受到各界关注。上海市在《全力打响“上海文化”品牌加快建成国际文化大都市三年行动计划（2018—2020年）》中指出要切实把“红色文化”“海派文化”“江南文化”三大文化资源转化成为品牌建设源动力，上海历史文化风貌区的人文历史资源是城市构建文化品牌的无形资产和内在活力。

里弄街坊作为上海市特有的民居形式，是近代传统大众生活空间的典型代表，同时也是上海地方文化的重要组成部分，具有很高的文化价值和艺术价值。2016年上海市政府同意将119处风貌保护街坊列为上海市历史文化风貌区范围扩大名单；2017年政府同意将131处第二批风貌保护街坊列为上海市历史文化风貌区范围扩大名单，这些风貌保护街坊中有近一半为里弄类风貌保护街坊。但是，在上海风貌保护区范围内，目前仍有大量的、一般性的、暂未列入风貌保护街坊名单的非保护类里弄街坊，它们也曾经历过上海近代历史文化的变迁，记录着人们生活的痕迹，具有一定的历史人文价值。

这些大量存在的非保护类里弄街坊在目前的城市更新过程中，由于缺乏相关城市条例进行系统的保护和控制，其中一部分非保护类里弄街坊在政府的推动下成为民生改造工程的改造对象，用以提升居住环境的品质。还有一部分非保护类里弄街坊顺应城市发展的需要，功能空间发生转变，已由居住空间转化为文化、创意、旅游、办公、商业等多元化功能空间。近年上海风貌保护区的城市更新策略由“拆、改、留”转化为“留、改、拆”，让居住功能转化为公共功能的非保护类里弄街坊仍然保留了原有的建筑特征和街巷空间，在更新改造过程中依然保持着原有的历史文脉和空间记忆，这种依托人文环境历史基础的创新性转变就是“活化更新”。本书通过对上海风貌保护区非保护类里弄街坊进行调研分析，提出了其活化更新的设计路径和方法，旨在为上海及我国其他城市的非保护类历史街坊更新设计与管控提供新的思路和方法。

## 1.1 背景与发展动态

### 1.1.1 城市更新的发展

目前，我国公共空间的建设呈现出由“速度优先”向“品质追求”转变的新态势，随之掀起了街道重塑的浪潮[1]。近年上海风貌保护区的城市更新策略由“拆、改、留”转化为“留、改、拆”，着力改善存量空间的环境品质，这样的城市更新不仅注重对现有物质空间环境的改善，还特别强调对非物质文化的保护和利用，重视对城市文脉的延续和展示。很多城市的风貌保护区的城市更新策略也有所转变，由原来的大拆大建改为延续历史文脉的活化更新，城市更新从城市既有的建成环境入手，通过自上而下的区域协调和自下而上的居民参与进行更新，为城市风貌保护区的环境改善提供了一种新思路。

上海是国内最先通过立法保护优秀历史建筑和历史文化风貌区的城市之一[2]。自2003年起，上海先后颁布了多个条例和法规，用于指导上海历史文化风貌区中的历史建筑保护和城市更新活动（表1-1）。

**表1-1 上海风貌保护区保护与更新的相关文件**

| 颁布时间 | 文件名 | 主要内容 |
| --- | --- | --- |
| 2002年 | 《上海市历史文化风貌区和优秀历史建筑保护条例》 | 对历史文化风貌区内的建筑和文化遗产进行全面保护 |
| 2015年 | 《上海市城市更新实施办法》 | 指导和规范建成区城市空间形态和功能的可持续改善行为 |

[1] 樊钧，唐皓明，叶宇．街道慢行品质的多维度评价与导控策略：基于多源城市数据的整合分析［J］．规划师，2019，35（14）：5-11。

[2] 单瑞琦，张松．柏林城市遗产保护区与城市更新区的比较研究［J］．上海城市规划，2017（6）：64-69。

（续）

| 颁布时间 | 文件名 | 主要内容 |
|---|---|---|
| 2016 年 | 《上海成片历史风貌保护三年行动计划（2016—2018 年）》 | 有效推进成片风貌保护工作 |
| 2017 年 | 《关于进一步加强本市历史文化风貌抢救性保护管理工作的意见》 | 对上海市历史文化风貌区进行区域性和精细化的风貌保护 |
| 2017 年 | 《关于深化城市有机更新促进历史风貌保护工作的若干意见》 | 按照整体保护的理念积极推进历史风貌保护工作 |
| 2018 年 | 《上海市历史文化名城保护规划》 | 结合上海地方特色，完善历史风貌保护的顶层设计 |
| 2021 年 | 《上海市城市更新条例》 | 建立健全城市更新公众参与机制 |
| 2021 年 | 《住房和城乡建设部关于在实施城市更新行动中防止大拆大建问题的通知》 | 针对以“城市更新”为名的种种乱象，提出要积极稳妥地实施城市更新行动 |

针对“十四五”规划和 2035 年远景目标，2021 年住建部正式发布《住房和城乡建设部关于在实施城市更新行动中防止大拆大建问题的通知》，针对以“城市更新”为名的种种乱象，包括过去大规模拆除、搬迁、增建等一系列问题，提出要积极稳妥地实施城市更新行动。在近年的城市更新过程中，上海风貌保护区内被划定为优秀历史建筑的里弄街坊受到了相应的保护，但非保护类里弄街坊则难逃被拆除的命运，其里弄肌理被破坏，整个片区的历史文化风貌也受到重大影响。对于开发者而言，非保护类里弄街坊存在改造周期长、成本高等相关问题，使非保护类里弄街坊的保护难度持续提升。如何留存非保护类里弄街坊的历史肌理、文化价值、空间格局和历史记忆是目前上海历史文化风貌保护区中的城市更新所面临的重要问题。因此，我们需要找到适合上海历史文化风貌保护区中非保护类里弄街坊活化更新的方式，结合新的市场机制，让渐进式的有机更新能够实现可持续的推进。

### 1.1.2　上海里弄的发展历程

“里弄”作为上海地区的民居形式，已经伴随这座城市经历了一个多世纪，它曾经是上海人最主要的居住、生活空间，是上海这座城市独特风貌的集中体现，渐渐成为上海这座城市的重要标志及文化符号。里弄具有丰富的内涵，其鱼骨状的排列方式、狭窄悠长的弄堂空间、温情琐碎的邻里感和包含的生活百态，赋予了里弄多样而复杂的意蕴。1853 年上海小刀会起义以及后来的太平天国运动，使上海周边的富人大量涌入租界，极大地刺激了租界内的房地产经营[1]，催生了一种新的居住空间形式，即里弄住宅。里弄一般采用联排式的总体布局，在建筑布局上，里弄由公共性较强的主弄和相对私密的支弄组成；在空间形态上，里弄有天井、客堂、前楼、厢房、晒台、亭子间、灶披间等多样且富有特色的建筑空间。里弄作为上海近代建造量最大、分布最广的建筑形式，是传统大众化生活和文化的重要物质空间载体，具有强烈的地域属性和浓厚的人情味。

里弄最初是为涌入上海租界的富商或官僚建造的，大量的里弄建造带动了税收并刺激了房地产业的发展，形成了早期的石库门里弄，在上海的城市建设发展史中谱写了浓墨重彩的篇章。里弄住宅的平面和空间布局源于传统江南四合院形式，具有方整的客堂、安静的内室以及明显的中轴线。后期由于经济压力和大量移民的涌入，较早居住于里弄中的居民开始分割自己的房屋，经过分割的房间由房主直接出租或由房客们层层转租[2]，居住人员变得十分混杂，有限的里弄居住空间被细分再细分。里弄空间形制的变化反映了 20 世纪早期上海移民情况的变化，从大量的社会精英阶层——富有的地主、商人、作家、官僚等，变成大量的普通民众——店员、职员、教师、艺人等[3]。新中国成立后，城市住房紧张的问题仍然比较严峻，在很长一段时间内仍然无法得到实质性的解决。里弄曾经是上海居民最主要的栖身之所，到 20 世纪 90 年代，仍然有近一半以上的上海

[1] 罗小未，伍江．上海弄堂［M］．上海：上海人民美术出版社，1997：4。

[2] 李彦伯．上海里弄街区的价值［M］．上海：同济大学出版社，2014：38。

[3] 卢汉超．霓虹灯外：20 世纪初日常生活中的上海［M］．段炼，吴敏，子羽，译．上海：上海古籍出版社，2004：145。

市民居住在里弄里[1]。

里弄承载了上海这座城市的发展变迁和文化生活，里弄随着社会经济状况和居住需求而不断变化，主要发展为五种类型，包括早期老式石库门里弄、后期老式石库门里弄、新式里弄、花园里弄和公寓里弄（表1-2）。其中，早期老式石库门里弄产生于19世纪70年代，太平天国运动导致大量的人口涌入租界，迅速增加的居住需求推动了早期老式石库门里弄的发展，其建筑融合了江南传统民居和西方联排式住宅的建筑布局和空间特点，格局紧凑，开间小、进深大，弄道狭窄且数量少。后期老式石库门里弄出现在20世纪10年代，由于土地价格的上涨和居民家庭结构的变化，后期老式石库门建筑的开间变少，出现了双开间甚至单开间的平面形制，高度也由原来的两层变为三层，容积率进一步增大，弄堂尺寸考虑了汽车进出的需求，并逐渐形成主弄和支弄的空间布局。新式里弄出现在20世纪20年代初期，受到居民收入的限制和家庭结构进一步小型化的影响，新式里弄开始较自由地进行平面布置，更加注重通风和采光，取消了入口处的石库门，以栅栏和绿化代替，弄道宽度进一步增加，考虑到私人汽车的掉头空间需求等。花园里弄于19世纪末出现，在20世纪30年代有了进一步的发展，主要是为了满足城市中富裕阶层的居住需要，功能布局偏西方化，出现双联式、短排连列式和长排连列式等形式，类似于花园住宅，巷弄道路的设置较为自由，配合大量的绿化，建设标准和装修标准都比较高。公寓里弄与花园里弄几乎同时出现，采用行列式和自由式布置平面，具有多层住宅的形式特点，布局更为紧凑且功能空间的划分更为细致，设置公共楼梯和公共绿化。

新中国成立后开始陆续进行旧区改造，截至1990年，全市还有旧式里弄3143.04万平方米，新式里弄475.34万平方米[2]，主要是对质量较好的里弄进行修缮和改造。到了20世纪90年代末，随着上海经济发展的增速和城市更新步伐的加快，在巨大的经济利益面前，里弄开始加速消失，大

[1] 罗小未，伍江．上海弄堂［M］．上海：上海人民美术出版社，1997：4。

[2] 数据来自：《上海住宅（1949～1990）》编辑部．上海住宅（1949～1990）［M］．上海：上海科学普及出版社，1993：168。

**表 1-2　上海里弄的类型与特点**

| 类型 | 早期老式石库门里弄 | 后期老式石库门里弄 | 新式里弄 | 花园里弄 | 公寓里弄 |
|---|---|---|---|---|---|
| 年份 | 1870—1910 | 1910—1919 | 1919—1930 | 1900—1945 | 1931—1945 |
| 社会背景 | 19 世纪 50～60 年代的上海小刀会起义和太平天国运动导致上海老城区及外省城乡遭到大量破坏，人口大量涌入租界 | 上海工商业发展迅速，房地产商为谋利，将简陋木屋改造成连接式砖木结构的二层民居建筑，整体采用欧洲联排式紧密布局以提高容积率 | 由乡村进入城市的移民收入微薄，限制了抚养人口数量，另外这种迁移也使得大家庭自然解体，自给自足的自然经济瓦解，家庭小型化 | 早期主要供外国人居住，受欧洲风格的影响，以前的里弄住宅已不能满足城市富裕阶层的住房需求 | 是花园里弄住宅的改进型，相较于花园里弄占地较大、投资较大的特点，公寓里弄布局更为紧凑 |
| 总平面布局 | 模仿欧洲联排别墅的形式，布局紧凑，采用横向或纵向的连列组合 | 模仿欧洲连排别墅的形式，布局紧凑，采用横向或纵向的连列组合 | 规模大，形式规整，布局单元多，依旧是横向连列的布局形态 | 规模小，但是占地面积大。出现双联式、短排连列式和长排连列式等形式，开始出现大片绿植 | 规模开始变小，常见行列式平面和自由式平面。设置公共楼梯进入社区组团，单元之间为半独立式、独立式或连列式 |
| 总平面示意图 | 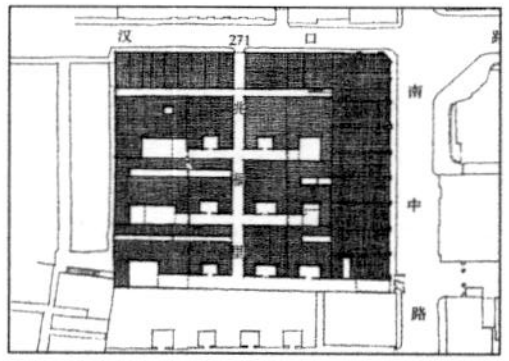  | 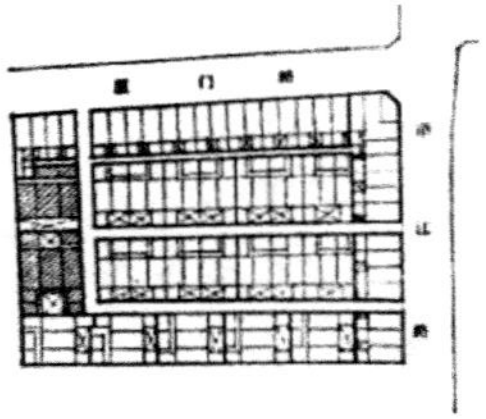  |   |   | 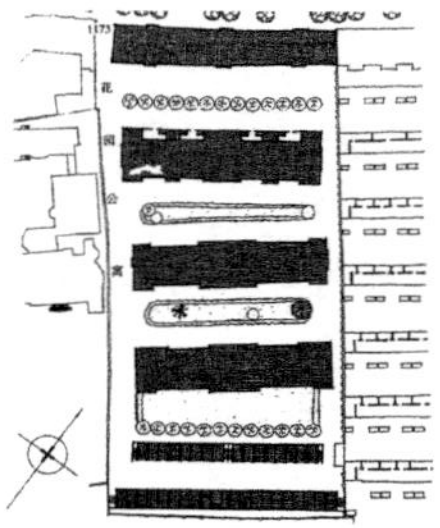  |

（续）

| 类型 | 早期老式石库门里弄 | 后期老式石库门里弄 | 新式里弄 | 花园里弄 | 公寓里弄 |
| --- | --- | --- | --- | --- | --- |
| 巷弄特点 | 弄道狭窄，数量少，通常老式里弄会将山墙对正，建筑根据日照间距和朝向横向连接 | 建筑排列更加整齐，有了明显的总弄和支弄的区别。总弄宽度增加，考虑到了汽车进出的需要 | 总弄支弄的空间划分更加明显，开始考虑汽车通行和会车要求，弄道宽度增加 | 巷弄道路根据建筑的发展走势自由布置，房屋间距宽，有绿地，弱化了传统里弄的空间形式 | 逐渐取消弄内封闭围墙，采用集中绿化和宅前绿化分割外部空间 |
| 室内平面 | 开间小，进深大，内部功能沿轴线对称布置。空间格局为三间两厢或二间一厢，平面呈矩形 | 基本延续早期老式石库门的平面形制，三开间、五开间的平面少见，较多的是双开间甚至单开间的平面 | 逐渐规范为单开间、双开间。功能划分更明确，天井缩小（仅为采光通风）。整体轴线关系弱化，出现单边布置厢房的空间形式 | 体量大，层高高，平面更加多样，多为两开间，也有间半式、单开间和三开间的形式，进深继续减小，开间继续增大。交通空间更加细腻，通常设有三个出入口 | 平面更为紧凑，设备更齐全。平面具有多层住宅的形式特点，功能空间划分得更加详细 |
| 平面图 | 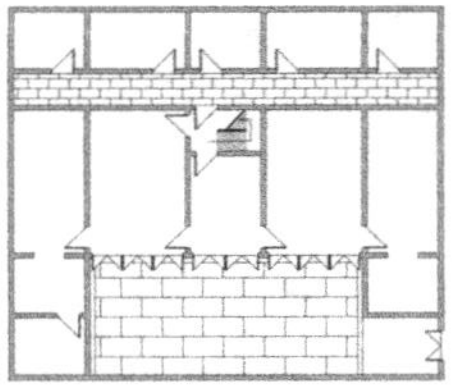  | 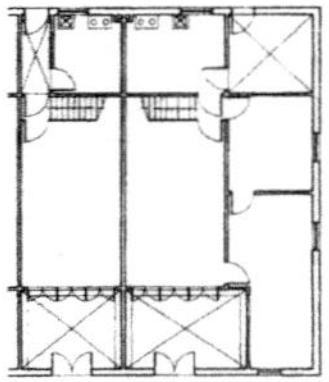  | 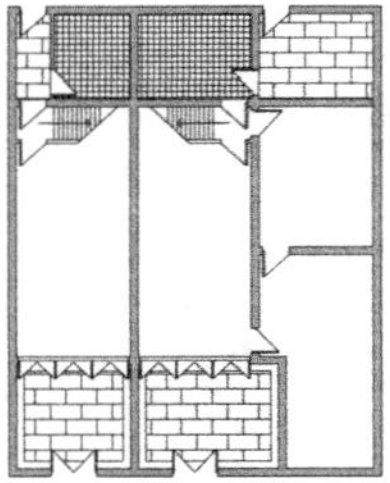  | 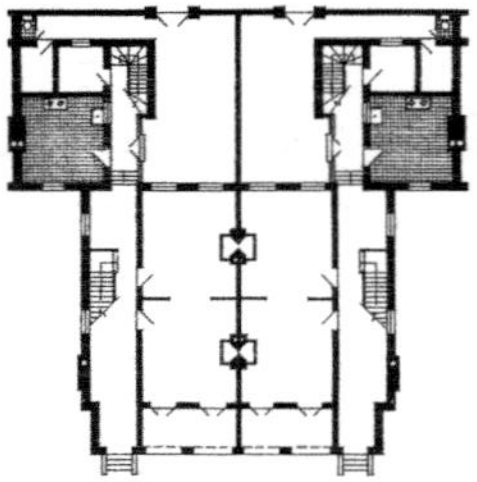  |   |

| 建筑构造 | 砖木结构和立贴式屋架，采用青砖，外刷纸筋石灰，后期用水泥代替石灰，屋顶采用灰黑色黏土蝴蝶瓦 | 立贴常为四柱落地，进深较大则用七柱，木柱常用洋松 | 木屋架继续被使用，同时出现了砖混结构，外墙由原来的纸筋石灰墙面改为红砖或青砖，屋顶采用硬山屋顶和人字山墙，立贴构架改为豪式桁架 | 采用混合结构，结构构件采用钢筋混凝土，做法和新式里弄相似，外墙仍用红砖，部分平屋顶设置为上人屋面，硬山顶则继续用瓦楞铁皮，主要用机平瓦和小青瓦 | 采用混合结构和钢筋混凝土框架结构两种，分户墙采用空心砖，立面主要的处理手法都是为了突出材料本身的装饰性，屋顶与花园里弄接近 |
|---|---|---|---|---|---|
| 装饰风格 | 具有传统江南民居特色，立面上有马头墙或观音兜式山墙。石库门仅为简单的石料门框，内配黑漆厚木门扇 | 马头墙或观音兜式的山墙已不再使用，红砖或青砖混用，早期的石灰白粉墙已经没有了。石库门的门头和窗楣用西式山花装饰 | 外观较为简洁，但也有一部分与老式石库门里弄大体相同，出现纯粹西方样式和几何形水泥屋顶，或是简式线脚装饰的山墙屋顶 | 墙身常用水泥拉毛粉刷成各种颜色，如淡黄、天蓝、深绿色等。梁挑或板挑屋外阳台 | 装饰风格基本完全西化，总体形式有西班牙式、英国式、法国式等风格 |
| 例图 |  |  |  |  |  |

量里弄被拆除，里弄成为很多人再也回不去的“家”。改革开放后，物质和经济的快速发展使人们尝到了甜头，对人文本体的丧失并无太多的痛感，而这种痛感只会随着经济发展的不断提升而愈加深刻[1]。好在近些年，人们逐渐认识到里弄空间的宝贵价值，它是城市风貌区的重要组成部分，其内在的文化价值得以慢慢回归。

城市是不断生长的，风貌区在城市生活中并非意味着破旧和落后。相反，风貌区中的大部分空间在当今城市生活中仍然充满活力，承担着十分活跃的城市功能，有时甚至比城市新区有着更强的创新能力，蕴藏着极强的生命力[2]。2003 年上海市划定了中心城区的 12 片历史文化风貌区，使一部分里弄可以被成片地保护下来，历史文化风貌区为里弄提供了一个避风港。因此，现存的大部分里弄都位于中心城区的风貌区范围内。此外，自 2016 年起，上海市又先后两次公布了历史文化风貌区范围扩大名单，将 250 处风貌保护街坊列入保护范围，其中有近一半为里弄类风貌保护街坊，里弄的价值也逐渐受到人们的关注。

### 1.1.3 非保护类里弄街坊的更新诉求

当前，上海已经对历史文化风貌保护区内的一部分里弄进行了保护，按照相应的管控条例进行保护和有序更新，但仍有很多区域的非保护类里弄街坊在城市更新过程中缺乏法律法规的约束，尤其是一些二级旧里弄建筑，它们既不是法定的“保护建筑”，也达不到“保留历史建筑”的艺术、美学标准，虽然具有一定的历史价值，但目前居民生活条件很差，整体环境品质较低。

这类非保护类里弄街坊长期以来未得到有效的保护，超负荷使用，年久失修，有的甚至已成危房。非保护类里弄街坊大多位于人口密集的市中心区域，人口的增加使里弄空间混杂，房屋产权复杂，而且里弄居民的经济水平大多较低，无力改造现有居住环境。环境衰败、景观混乱、邻里关

[1] 丁帆．“文化滞差”下的创新与价值的位移［J］．江苏社会科学，2001（1）：21-22。

[2] 伍江，王林．历史文化风貌保护区保护规划编制与管理［M］．上海：同济大学出版社，2007：3。

系紧张等都成为里弄街坊中不可回避的问题和矛盾。中共中央、国务院在《关于进一步加强城市规划建设管理工作的若干意见》中提出“有序实施城市修补和有机更新，解决老城区环境品质下降、空间秩序混乱、历史文化遗产损毁等问题，促进建筑物、街道立面、天际线、色彩和环境更加协调、优美”的要求，使得非保护类里弄街坊迎来了更新改造的契机。

历史文化风貌保护区的城市更新如果没有积极的公共政策保障，就无法得以真正有效的开展。近年，上海市在城市更新方面已确定从“拆、改、留并举，以拆为主”，转换到“留、改、拆并举，以保留保护为主”的全新理念。在保留保护的过程中，对历史文化风貌保护区内的非保护类里弄街坊的更新改造越来越受到人们的关注，这部分里弄街坊在更新过程中既要满足新的城市需求，又要与历史文化风貌保护区的人文环境相协调，需要创新工作方法，对其更新方式做更多的探索。

上海里弄具有独特的空间组织形式和建筑特色，其建筑形式中西合璧，空间密度高且丰富，人居环境繁杂，是“海派文化”的典型代表空间之一。即使是非保护类的里弄街坊也一样为城市留下了宝贵的物质空间和文化记忆，有些非保护类里弄街坊在经过城市更新的商业开发后，虽然表面上保留了海派的特征，但并没有将里弄文化进行有效的保护和传承，丧失了里弄文化的城市精髓；还有些非保护类里弄街坊在人文气息保留中止步不前，使里弄空间发展缓慢，无法适应新的社会生活需求。因此，如何使非保护类里弄街坊在城市更新过程中做到内外兼修，平衡外在建筑功能与内在历史文化传承之间的关系，是我们推进历史文化风貌保护区非保护类里弄街坊活化更新的目标。上海历史文化风貌保护区的非保护类里弄街坊主要具有以下更新诉求：

1. 注重对非保护类里弄街坊的整体性保护

上海历史文化风貌保护区中的非保护类里弄街坊的保护价值虽然不及优秀的历史建筑，但是这些非保护类里弄街坊对于上海历史文化风貌保护区的整体空间格局和肌理有着同样举足轻重的作用。非保护类里弄街坊仍然具有一定的街区规模和城市空间肌理，加强对非保护类里弄街坊的整体性保护，有助于提升历史文化风貌保护区的整体风貌，对城市整体风貌、城市文化和城市温度都有重要的作用和意义。

2. 合理解决非保护类里弄街坊中的民生问题

目前，在上海历史文化风貌保护区中仍然存在大量的非保护类里弄街坊，而非保护类里弄街坊在活化更新过程中较少地受到法规和条例的限制。因此，非保护类里弄街坊的活化更新要更合理地解决生活于其中的人们的民生问题，更多地关注使用者的各类需求。在进行非保护类里弄街坊活化更新之前，需要根据历史文化风貌保护区的整体规划做好统筹设计，确定非保护类里弄街坊的发展和功能定位，同时，要尽量增加公益性社会服务设施、开放空间和公共活动场所，满足周边区域的民生诉求。非保护类里弄街坊的活化更新具有多元化的特点。因此，需要我们持续探讨如何满足新的空间使用者及周边居民的行为需求和情感需求，以多元化视角不断探索适合上海历史文化风貌保护区非保护类里弄街坊活化更新的创新路径。

3. 细化非保护类里弄街坊活化更新的具体指标和要求

非保护类里弄街坊受到的规划控制会更弱，与上海历史文化风貌保护区中的优秀历史建筑相比，非保护类里弄街坊的活化更新定位和内容也更多元化，因此，在活化更新非保护类里弄街坊之前要明确其具体的更新定位，与历史文化风貌保护区中的用地边界、用地性质、规划指标、公益性设施、开放空间等要素相协调，满足新时代下居民的物质空间需求和精神文化需求。大多数非保护类里弄街坊的使用功能在活化更新过程中都有所调整，一般会由原有的居住转化为办公、商业、酒店等多种业态形式。如何更好地适应新的功能需求，如何在历史文化风貌保护区的人文精神传承中找到适当的位置，是摆在非保护类里弄活化更新面前的重要问题。

4. 加强风貌保护区更新政策与机制创新

上海历史文化风貌保护区内有明确的规划建设政策和条例，非保护类里弄街坊在活化更新过程中，如何更好地适应各类建设指标的限制，对空间和人文氛围进行创新再塑，是有待我们思考的问题。此外，资金、土地、配套政策及机制方面的创新也对非保护类里弄的活化更新具有重要影响。例如，非保护类里弄的活化更新会对原有的建筑贴线率、绿地率、容积率、建筑间距等进行调整，存在项目启动资金高、土地出让形式受到限制、指标难以平衡等问题，想要更好地提升上海历史文化风貌保护区非保护类里弄街坊的活化更新效率，需要在规划、资金、财税、土地、房屋等多方面探讨灵活、创新的实施机制。

### 1.1.4 活化更新的必然趋势

近年来上海风貌保护区城市更新策略由“拆、改、留”转化为“留、改、拆”，大量的非保护类里弄街坊面临着更新改造的问题。“活化更新”是指非保护类里弄街坊将原有的居住功能转化为一些城市公共功能，但仍然保留了原有的建筑特征和街巷空间，在更新改造过程中依然传承原有的历史文脉和空间记忆，是一种依托人文环境历史基础的创新性转变，因此，对于上海风貌保护区的非保护类里弄街坊而言，活化更新是未来的一种必然趋势。

活化更新就是将非保护类里弄街坊视作一个不断生长、会新陈代谢的城市有机体，虽然其现状是破旧和混杂的，但却恰恰代表了城市的历史、多样性以及丰富多彩的生活。非保护类里弄街坊的活化更新就是要将这些蕴含在物质空间中的内涵传承下去，将非保护类里弄街坊变为新时代有活力、有文化的城市新区域，从而改善上海历史文化风貌保护区中居民生活的公共环境，促进社区氛围的改善，带动周边区域的整体发展。

上海历史文化风貌保护区非保护类里弄街坊活化更新的重点是要尊重现有的城市风貌，保护和延续好现有的人文历史资源，其与其他区域的城市更新最大的区别在于对周边环境的影响，非保护类里弄街坊的活化更新发生在有大量优秀历史建筑的环境中，其活化更新设计不能像城市新区建设一样自由生长，而是要根据每个区域的具体人文历史情况进行针对性更新并审慎对待。要尽量保留非保护类里弄街坊中的建筑特征和里弄肌理，根据新的使用功能对街区空间、公共设施、景观绿化等进行合理更新，通过非保护类里弄街坊的活化更新大幅度提升上海历史文化风貌保护区的文化氛围和环境品质。

目前，上海仍然缺乏对非保护类里弄街坊的相关控制办法，上海历史文化风貌保护区非保护类里弄街坊的活化更新还缺乏相关的法律法规对其进行约束。非保护类里弄街坊所在的位置大多为城市的核心区域，对于开发商而言具有很大的经济价值，但原来那种大拆大建的方式已经不再适用，我们需要探讨更为科学的方式，以保护城市原有的空间肌理、环境风貌、路网格局、空间形态等。人际关系、社区网、历史回忆需要长久的相处才能慢慢建立起来，这是属于上海非保护类里弄街坊特有的精神文化，不是扩大街巷尺度、重建里弄建筑、建设“大马路”“大广场”所能带来的。非保护类里弄街坊的活化更新要从物质空间和人文精神两个层面入手，使上海非保护类里弄街坊的人文精神和文化根基能够有效传承下来。

上海历史文化风貌保护区非保护类里弄街坊的活化更新目前正处于初期阶段，虽然已经出现了一些活化更新的案例，但是大众和相关专家对其的评价却褒贬不一。目前，对于非保护类里弄街坊的活化更新管控主要还是依靠专家咨询和评审，受个别专家意见的影响较大，不确定因素较多。因此，如何在风貌保护条例的大范围控制下，对非保护类里弄街坊的活化更新设计过程进行系统、全面、稳定的指导和管控，将城市人文历史资源与现代设计融合并传承，是有待研究的关键问题。

面对未来越来越多的非保护类里弄街坊活化更新需求，应基于既有规范、标准和要求，构建科学、合理的上海历史文化风貌保护区非保护类里弄街坊活化更新评价体系。同时，通过对非保护类里弄街坊的活化更新情况进行传统数据和网络大数据抓取，结合问卷调查和实地调研等方式，通过专家打分法获得对应评价指标的权重，构建更为全面和系统的非保护类里弄街坊活化更新评价体系，使未来上海历史文化风貌保护区非保护类里弄街坊的活化更新朝着更科学、更人性化、更有活力的方向健康发展。

### 1.1.5 非保护类里弄街坊活化更新的意义与价值

上海历史文化风貌保护区非保护类里弄街坊活化更新是提升“上海文化”品牌形象的关键。“上海文化”品牌具有丰富的内涵，尤其是风貌保护区中的人文历史资源，代表了城市文化发展的深厚积淀。非保护类里弄街坊可以通过活化更新成为上海历史文化风貌保护区中，城市历史文化和精神传承的创新展示平台，更好地保护传承城市遗产，以历史文化名街、文化精品街区、传统文化节点等品牌街区的形式，促成上海文化品牌的多维展示模式，架构“上海文化”品牌形象的核心体系，为上海历史文化风貌保护区增添更多元化的文化展示渠道和文化体验方式。

上海历史文化风貌保护区非保护类里弄街坊活化更新是打响“上海文化”品牌的高效方式，更是突显上海城市文化特色的一个抓手。近年上海历史文化风貌保护区城市更新着力改善存量空间的环境品质，对非保护类里弄街坊的活化更新可以在更大范围内改善居民的社会生活环境，在保护城市肌理和风貌的基础上，使上海历史文化风貌保护区与现代城市更好地融为一体，增强民众的文化归属感和自豪感，使“上海文化”品牌通过城市空间这个开放的载体展示和传达给大众，强化人文历史的可读性。这是一种极为高效、直接、持续的传承方式，对未来上海不断建设“上海文化”品牌具有积极的意义。

## 1.2 国内外理论与实践

近年来，国内外关于历史街区、风貌保护区、城市更新的研究一直受到普遍的关注，上海也在实践中不断探索风貌保护区中非保护类里弄街坊的更新方式。经过多年的发展，上海风貌保护区已经形成了较为完善的历史保护类建筑的更新制度，以避免过度的商业开发给城市带来文化遗产方面的损失。但是对于非保护类的建筑来说，仍然存在开发模式不合理的情况，使风貌保护区的整体风貌和文化氛围遭到破坏。在上海风貌保护区的非保护类里弄街坊更新中，经常出现忽视历史文脉、割裂社会文化和生活习俗等问题，虽然保留了里弄的物质空间，却丧失了里弄的精神内核，使更新后的里弄街坊活力不足。

在上海风貌保护区设立之前，房产开发和城市更新的模式存在很多弊端，对上海里弄街坊的保护重视程度不足。很多里弄街坊都具有宝贵的文化价值和社会价值，在对里弄进行商业化更新改造的过程中，为了快速获取经济效益，仅保留里弄街坊的外在“躯壳”，没有延续里弄街坊的内在精神，是一种不可取的城市风貌保护方式。上海风貌保护区里弄街坊的更新需要政府、社会、业主等多方共同努力、共同参与，以寻找延续城市历史文脉的最佳方式，既要延续上海风貌保护区中的城市形态和肌理，又要保留原住民的生活氛围和区域活力，同时引入现代时尚的文化创意产业，推进文化创意产业在上海风貌保护区里弄街坊中的创新性发展，给城市风貌保护区带来新的生机。通过自下而上的方式，激励业主、经营者等社会多方力量自发地参与到城市更新活动中，持续激发风貌保护区里弄街坊的活力。

随着近年上海风貌保护区城市更新活跃程度的不断提升，关于历史街区保护、风貌保护和里弄街坊等的研究也在增多。本书从设计学的视角，对城市更新和风貌保护等问题的相关研究进行了梳理，希望能为现今上海里弄街坊的有序开发、保护更新、文脉传承提供一些理论依据及参考方向。

### 1.2.1 国内理论与实践动态

我国的城市发展经历了起步、扩张、转型等不同的发展时期，先后采用了改造、开发、整治、更新等建设模式[1]，也经历了多轮旧城改造、“大拆大建”的历程。目前，我国城市更新正经历着从外延粗放扩张向内涵提质的转变，有别于过去的“大拆大建”、碎片化的旧城改造，国内学者从多个角度对城市更新、人文传承和风貌保护等话题进行持续关注。

在艺术学方面，风貌保护区的人文传承受到国内学者较大关注。张杰、王丽方在《通过小规模逐步整治改造实现历史街区的环境与社区文脉的继承和发展》一文中，以解决实际问题为目的，探讨通过小规模的社会经济和建设活动来实现对历史地区的改造。王敏在《上海历史文化风貌区保护和更新的品牌策略》一文中解析了上海历史文化风貌区的品牌特征，倡导依托城市历史文化风貌区来建设和发展成功的、具有持久生命力的城

[1] 张亚，毛有粮．“城市双修”理念下的重庆市城市风貌总体设计［J］．规划师，2017，33（S2）：27-30。

市历史文化品牌。李彦伯在《城市"微更新"刍议兼及公共政策、建筑学反思与城市原真性》中对"微更新"模式的衍生背景、优势特点及发展启示等内容进行了深入的剖析，指出要以"微更新"的模式耐心经营、织补更生，避免泥沙俱下的城市变体运动，最终实现城市活力的激发与可持续发展。孙立、曹政、李光耀在《基于共享理念的社区微更新路径研究——以北京地瓜社区为例》中提出要将"共享"理念注入社区微更新中，针对城市老旧社区中的闲置空间资源，构建线上线下相结合的"共享微更新"模式，以此激活社区空间，实现社区的可持续发展。左进、孟蕾、李晨、邱爽在《以年轻社群为导向的传统社区微更新行动规划研究》中强调"以人为本"，将目标社群作为社区更新的突破口，通过社群与社区的交互作用和交往行为激活失落空间，建立社区与社群的互动网络，形成"共谋、共建、共管、共享"的社区共同体，从而带动传统社区的转型与复兴。

在城市设计学方面，针对风貌保护区的微更新也有相关研究。亢梦荻、臧鑫宇、陈天在《存量背景下基于微更新的旧城区城市设计策略》一文中提出，以小规模渐进、触媒介入催化和以人为本的精细化设计为原则，有效改善旧城区的整体城市机能。林培在《"微更新"延续城市生命力》一文中指出应尽快改变成片旧城改造模式，走向小规模渐进式常态化城市更新。蔡永洁、史清俊在《以日常需求为导向的城市微更新》中，对上海老城区的空间现状进行问卷调研和走访，总结居民的日常需求，通过公共空间的增加和整合改善、修补原有空间类型，以一种小的介入实现城区微更新。毕鹏翔、王云在《城市微更新的动力机制和价值观研究》一文中，从宏观、微观政策、成本、观念和公众参与的角度分析城市微更新的动力机制，从公平和效率两个角度阐述价值观。叶露、王亮、王畅在《历史文化街区的"微更新"——南京老门东三条营地块设计研究》中从尺度、适度、力度三个维度进行剖析，提出用肌理修复、形态重构、功能置换的方法完成街区的保护与更新。

在城市更新理论方面，最初是吴良镛在《北京旧城与菊儿胡同》中提出了城市有机更新的理论，即采用适当规模、合适尺度，依据改造内容与要求，处理目前与将来的关系。孙乐在《历史街区复兴中的“城市触媒”策略研究》中认为，历史文化街区中的触媒是在延续街区原有肌理的同时，结合街区空间选取触媒点，对其进行更新或者置换，从而激活空间活力，实现历史文化街区的复兴。倪锋、张悦、黄鹤在《北京历史文化名城保护旧城更新实施路径刍议》中对传统街区微改造面临的产权复杂、社会治理等问题进行研究，提出建立物权整合的管控机制。李雅琪、李瑞、汪原在《基于日常生活视角的公共空间微更新研究——以武汉原俄租界为例》中从日常生活视角出发，对武汉一块曾为俄租界的公共空间进行调研，通过分析总结出弹性设置、微增设计、低技更新三种微更新策略。在从增量扩张到存量调整的背景下，研究维度百花齐放，如建筑肌理的类型、绿化空间更新改造、规划更新模式、保护规划对策、整体保护的新类型、“造景”现象、空间问题、“奢侈化”发展趋势、可持续发展等。在活化更新方面，包括老旧小区“微改造”、历史街区“微更新”等。张松提出围绕上海历史文化风貌保护区的概念认知、肌理保护、建筑可持续和遗产管理保护等，探讨了文化遗产的保护机制建设的难题[1]。温士贤、廖健豪等人以空间生产理论为框架，对永庆坊空间重构和文化实践进行了剖析，更新后，空间功能从居住转为文化商业空间，丰富了空间的文化维度[2]。丁少平、陶伦等人从原真性的研究视角，分析了基于人体工学和真实街区尺度的控制策略是如何提升空间环境品质的[3]。

在城市更新模式方面，阮仪三、顾晓伟在《对于我国历史街区保护实践模式的剖析》中，对20世纪末至21世纪初出现的历史文化街区保护更新模式进行总结，主要有五种模式：上海的“新天地”模式、桐乡的“乌镇”模式、北京的“南池子”模式、苏州的“桐芳巷”模式和福州的

[1] 张松．城市生活遗产保护传承机制建设的理念及路径：上海历史风貌保护实践的经验与挑战［J］．城市规划学刊，2021（6）：100-108。

[2] 温士贤，廖健豪，蔡浩辉，等．城镇化进程中历史街区的空间重构与文化实践：广州永庆坊案例［J］．地理科学进展，2021，40（1）：161-170。

[3] 丁少平，陶伦，王柠，等．原真性视角下历史街区风貌更新的困境、根源与实践：基于南京、苏州、杭州、福州五个历史街区的比较分析［J］．东南文化，2021（1）：14-22。

"三坊七巷"模式。邱杨在《小城市旧街区以"街"为载体的更新方式研究》中提出"街巷"在旧街区有着重要的地位，提出了以"街"为载体的更新方式。田朝炜在《城市传统街区的更新模式策略探讨》中探讨了旧城更新商业模式的引入方式，提出了引入小商铺的商业模式，既改变原有街区主要的居住性质，又达到活化街区的目的。

在城市人文历史传承方面，杨波的《基于城市文化的旧城改造规划策略研究》和方海翔的《在城市更新改造中延续城市集体记忆》等文章都有指出，传统街区更新的过程中所牵涉的街区文化、街区记忆往往是容易被忽略的，而且这种破坏是不可逆转的，文脉一旦断裂也是不可修复的，因此他们积极探索了"保留""转换""重构"的更新方式，城市文化的展示意义不仅是要它们继续存在，还要更大程度地激发出其对街区发展的带动作用和影响力。王泽涛在《基于上海旧式里弄更新改造中的场所精神研究》中提出，城市建筑记录着城市历史发展的脉络，城市发展是历史文化和城市精神的有机延伸，老居住区是一类蕴含着丰富的日常化、情感化、地域性的场所精神区域。

在上海里弄更新方面，张俊认为可以将上海里弄更新划分成完全取消居住转成商业开发、部分居住融合商业文化、拆除后重建高端居住和改善居住环境这四类，从里弄居住的文化特性、包容性、创意性、长久性四个方面来探讨里弄更新的新形势。陈鹏等人提出未来街坊的保护应以"生活着的街坊"为目标，针对现在保护工作中存在的整体风貌保护措施较弱、保护和民生诉求存在矛盾、保护规划的定位和内容不明确、保护规划的实施性不高等问题，从"上海2035"总体规划实施后各级城乡规划体系的联动、"评估＋实施"两段式的核心保护管控方式、探索格局保护的新措施、配套完善相关的法律规定和政策机制、增加奖励措施等方面提出保护对策。张松对全球城市历史风貌保护、规划管理制度的主要特征进行分析，对上海风貌保护条例的核心问题提出意见和建议，他认为保护条例的延续与修订需要积极的财政支撑，"保护优先"的方针需要法律保障，"保护优先"政策能够促进积极保护和整体保护，但需要多方协同推进。单瑞琪对柏林城市遗产保护区和城市更新区进行了概念、演变、综合规划、资金策略四个方面的对比研究，为上海里弄的历史文化风貌保护区的保护与更新提供了积极的参考与建议。王林从三个方面论述了城市发展理念的转变过程：第一，由“旧区改造”转向“城市更新”；第二，由“拆、改、留”转向“留、改、拆”；第三，由“大拆大建”的粗放发展转向城市有机更新的精细化管理，通过城市历史街区、郊区古镇、历史文化风貌道路及滨水廊道等线性公共空间、工业区的转型更新实践案例来阐述城市更新及其风貌保护的重要性。在旧城改造中，有些学者以上海老城厢的文化和精神内核延续其价值，如上海田子坊的更新改造机制，包括修缮与监测旧建筑立面结构、运用工程技术手段、解决社会冲突和利益博弈等。

此外，随着互联网技术的进一步普及，大数据时代的到来也为上海里弄街坊研究提供了新的思路，新数据、新技术不断被运用到上海城市研究以及里弄街坊的活化更新设计研究中，得益于多源数据来源广泛、数据量极大等特点，上海里弄街坊的活化更新拥有了更加多元的研究视角（表1-3）。

**表1-3　国内历史街区评价体系相关研究成果**

| 发表时间 | 作者 | 文章名称 |
|---|---|---|
| 2019年 | 金忠民，周凌，邹伟，等 | 《基于多源数据的特大城市公共活动中心识别与评价指标体系研究——以上海为例》 |
| 2018年 | 张俊 | 《多元与包容——上海里弄居住功能更新方式探索》 |
| 2018年 | 叶宇，张灵珠，颜文涛，等 | 《街道绿化品质的人本视角测度框架——基于百度街景数据和机器学习的大规模分析》 |
| 2019年 | 徐敏，王成晖 | 《基于多源数据的历史文化街区更新评估体系研究——以广东省历史文化街区为例》 |
| 2019年 | 杨俊宴，吴浩，郑屹 | 《基于多源大数据的城市街道可步行性空间特征及优化策略研究——以南京市中心城区为例》 |
| 2020年 | 李建华，张文静，肖少英，等 | 《基于多源数据的五大道历史文化街区健康评估研究》 |
| 2014年 | 张鹏程 | 《大规划-大数据——智慧城市规划对策浅析》 |
| 2021年 | 单瑞琦，张松 | 《历史建成环境更新活力评价及再生策略探讨——以上海田子坊、新天地和豫园旅游商城为例》 |
| 2021年 | 周俭，葛岩，张恺，等 | 《历史文化风貌区保护规划实施评估类型方法研究与实践——以上海衡山路-复兴路历史文化风貌区为例》 |

在历史街区的评价体系构建方面，徐敏、王成晖以广东省内公布的16

条历史街区为例，通过基础数据、大数据等定性和定量的数据相结合的方式，探索出以多源数据（传统数据＋大数据）为基础的综合评价体系，从历史文化传承、城市功能优化、产业转型升级、人居环境改善、创新氛围营造5个准则层进行历史街区的评估分析，根据街区具体评估情况提出针对性的改造对策和建议[1]。李建华等人通过基础数据、POI数据、GIS数据等定量与定性分析相结合的方式，从健康布局、健康交通、健康环境、健康文化、健康产业及健康管理6个准则层及13个因子层，构建历史文化街区健康评估体系，深入了解街区健康发展状况[2]。金忠民等人依托多源数据，以上海为例，首先对城市公共活动中心进行识别，识别出86片公共活动中心并按等级与功能将其进一步划分，依照四个目标导向（多元、活力、品质、公平），构建形成包括3大维度、5个子维度、12个指标的公共活动中心空间资源评价指标体系框架，对所有指标进行实证计算分析，从而对上海的公共活动中心获得基本的评价结论[3]。

在历史街区的定量分析方面，单瑞奇、张松在研究城市更新如何激发历史建成环境的潜在活力价值时，选取上海田子坊、新天地和豫园旅游商城作为实证案例，采用多源数据，运用定量分析方法，从社会、经济、文化3个方面对历史地区再生后的活力进行评价，提出政府要发挥支撑作用、保留和延续一定的居住功能、扶持创意产业类企业等策略。张鹏程以移动通讯数据为代表的大规模统计数据和以社交网络数据为代表的用户生成数据（Volunteered Geographic Information）为基础，通过构架实现城市对规划发展和管理运作的智能调整、对空间和环境提出智能适应对策、对紧急事件的智能预警等智慧城市的智慧体系，满足智慧城市以信息技术应用为主、多系统相互作用、城市智慧发展新模式的需要[4]。周俭等人以“现

[1] 徐敏，王成晖．基于多源数据的历史文化街区更新评估体系研究：以广东省历史文化街区为例［J］．城市发展研究，2019，(2)：74-83。

[2] 李建华，张文静，肖少英，等．基于多源数据的五大道历史文化街区健康评估研究［J］．现代城市研究，2020（6）：79-86。

[3] 金忠民，周凌，邹伟，等．基于多源数据的特大城市公共活动中心识别与评价指标体系研究：以上海为例［J］．城市规划学刊，2019（6）：25-32。

[4] 张鹏程．大规划—大数据：智慧城市规划对策浅析［C］//中国城市规划学会．城乡治理与规划改革：2014中国城市规划年会论文集，2014。

象—问题—原因—策略”为逻辑主线，提出评估方法的“五个结合”，该评估技术集成结合多源城市数据、量化形态分析工具、地理信息系统、以深度学习为代表的多种计算机算法，对公众认知、经济活力、功能业态、使用行为与文化活动、物质空间环境、感知品质与风貌这6大维度中的20个子项开展定量化、精细化评价，为风貌区现状评估与品质提升提供了科学研判与精准支持[1]。数字化技术在城市更新中的快速发展孕育出众多研究成果。曹越皓、杨培峰等人利用多源数据融合互联网的历史空间评价，以时空数据、自然语言和计算机视觉等机器学习的方法测量空间感知。定量相关的研究视角更多的是对于人的研究，如商业空间改造满意度评价、社交网络分析法（SNA）、系统动力学、人体热舒适度、品牌形象感知、地方旅游和游客感知意象。李舒涵、王长松通过探索空间内声音感知主体对声音景观的感知、偏好和行为，发现空间类型、环境功能和声音类型是影响感知的影响因素。于红霞、栾晓辉从历史、美学、文化、社会、环境、建筑、经济和文脉8个方面对历史文化街区价值进行研究，建立了定量的价值评价体系。

在历史街区的定性与定量相结合的研究方面，主要的研究方法包括问卷调查、深度访谈、层次分析、模糊层次分析、地理信息系统和新的数据算法等。徐磊青、永昌采用层次分析法（AHP）和模糊层次分析法（FAHP）相结合的评价方法，对专家和居民进行满意度评价调查[2]。王成芳、孙一民基于GIS和空间句法集成的思路，探索建立历史街区保护更新的规划方法[3]。王子月、刘磊研究空间句法在非保护类历史街区的应用，建立多层次拓扑关系模型，探讨街区与城市的空间形态关系[4]。李建华、张文静等人采用定性定量相结合的分析方法，对于历史街区的健康

[1] 周俭，葛岩，张恺，等．历史文化风貌区保护规划实施评估类型方法研究与实践：以上海衡山路-复兴路历史文化风貌区为例［J］．城市规划学刊，2021（4）：26-34。

[2] 徐磊青，永昌．传统里弄保护性更新的住户满意度研究：以上海春阳里和承兴里试点为例［J］．建筑学报，2021（S2）：137-143。

[3] 王成芳，孙一民．基于GIS和空间句法的历史街区保护更新规划方法研究：以江门市历史街区为例［J］．热带地理，2012，32（2）：154-159。

[4] 王子月，刘磊．空间句法视角下城市与非保护类历史街区空间形态变化研究：以合川文峰古街片区为例［J］．西南大学学报（自然科学版），2020，42（1）：142-150。

问题，从6个维度构建评价体系，深入研究街区的发展情况[1]。郭睿等人结合实地研究和大数据分析构建街区活力评价体系，通过多元线性回归探究建成环境指标对街区活力的影响因素。郭睿、郑伯红基于ArcGIS的地理数据分析技术，以高德POI为数据来源，通过核密度分析、空间可达性分析和视觉界面布局等方法，对城市文化风貌物质载体进行量化统计和分析[2]。

在基于多源数据的城市公共空间的研究方面，杨俊宴、吴浩等人对南京市中心城区的街道可步行性中的通畅性、便利性、舒适性和安全性进行定量的分析测度，研究结果表明，南京中心城区街道可步行性在通畅性、便利性、舒适性和安全性4个基本领域呈现出扇形圈层放射、中心多核连绵、外围点状分散等特征结构，根据街道可步行性的影响机制进一步提出优化策略。叶宇、张灵珠等人在新技术条件下测度街道绿化品质，实现了人眼视角绿化可见度与街道可达性的整合分析，运用新技术和新数据推动精细化规划导控，实践上能实现大规模分析并保证高精度结果，理论上也为规划政策的人本视角转型提供了支撑。

### 1.2.2 国外理论与实践动态

在世界城市发展过程中，现代意义上的大规模城市更新最早始于18世纪，欧洲许多城市开始出现一些由城市化而带来的负面影响，如城市特色缺失、生态环境遭到破坏等问题，由此，城市改造更新行动在全球范围内广泛开展起来，以提升城市的环境品质和文化特色。国外关于历史文化风貌保护区以及历史街区的相关研究开展得较早，人们在经历了大规模的理想化城市建设之后，逐渐发现了其中的问题所在，开始对这种大范围拆除重建的城市发展模式提出质疑，因而提出了“渐进式小规模改造”的理念，更加注重人本化尺度下的规划，重视城市文化的延续。由此人们开展了很多值得借鉴的研究，包括罗伯茨、塞克斯的《城市更新手册》、史蒂文·蒂耶斯德尔和蒂姆·希思的《城市历史街区的复兴》、E. F. 舒马赫的《小即是美》、C. 亚历

[1] 李建华，张文静，肖少英，等．基于多源数据的五大道历史文化街区健康评估研究［J］．现代城市研究，2020（6）：79-86。

[2] 郭睿，郑伯红．城市文化风貌物质载体的量化研究［J］．经济地理，2020，40（11）：208-214。

山大的《城市设计新理论》、柯林·罗的《拼贴城市》等，越来越多的学者开始关注城市更新背后的文化、社会经济等诸多问题，积极推进小规模渐进性规划、城市微观层次改造等方面的理论和实践探索。

此外，在绿色设计和可持续发展的浪潮下，国外很多学者对城市设计、城市更新和历史街区复兴等问题展开了广泛的研究，包括 J. 巴奈特的《城市设计导论》、史蒂文·蒂耶斯德尔和蒂姆·希思的《城市历史街区的复兴》等，从城市设计的新模式探索、城市肌理保护、历史街区活力激发、场所精神延续等方面对城市中的历史街区更新活动进行了多角度的深入研究。彭卓见和魏春雨将美国的城市设计分成三个阶段：第一阶段以物质空间为主；第二阶段则是转向了物质空间与经济技术并重的局面，多元视角被引入城市设计当中；第三阶段是生态化和可持续化，以公共政策为导向[1]。同时，他们还梳理了相关的更新典型案件，美国城市管控经历了从无到有的漫长历程，在审美、历史保护与城市肌理等城市设计相关问题上积累了丰富的管理、司法经验，这对我国城市设计管控的提升有重要的借鉴意义。国外为了推进可持续历史街区，主要关注文化景观保护、居民生活质量、文化资源、城市街道肌理特征、交通结构优化、更新政策、机制与演化、场所营造等方面，主要运用空间决策支持系统、决策矩阵框架、决策变量的重要性排序、BP 神经网络等方法。Egusquiza 等人为降低建筑能源消耗，利用 CityGML 的城市模型对节能措施（ECM）进行多尺度的评估。Thomso 等人认为住房问题影响着居民的生活质量和健康问题。Jim 通过文献综述的方式分析可持续发展的城市绿化战略措施[2]。Shin、Kim 以绅士化的视角分析城市历史发展问题。Steiner 整理了生态设计与城市规划研究的 4 个方面：生态系统的运用、城市对自然灾害的适应性、城市的生态系统重建和人能够做出的积极反应[3]。

---

[1] 彭卓见，魏春雨. 美国城市设计管控研究［J］. 湖南科技大学学报（社会科学版），2020（4）：133-141。

[2] JIM C Y. Sustainable urban greening strategies for compact cities in developing and developed economies［J］. Urban Ecosystems，2013，16（4）：741-761。

[3] STEINER F. Frontiers in urban ecological design and planning research［J］. Landscape and Urban Planning，2014，125：304-311。

近年，国外的城市研究主要从可持续再生、建筑质量、视觉影响评价、环境可持续影响因素、以人为本的步行通道系统等视角研究历史街区的发展。Kou、Zhou 等人构建了可持续评价体系模型，通过问卷调查和深度访谈得到数据，利用定性、定量的方法进行加权计算[1]。Chen、Yoo 等人提出利用模糊多准则决策（FMCDM）、模糊层次分析法评估历史街区的利益群体的各问题因素[2]。Tang 等人打算将旅游体验与文化旅游商业化协同，采用模糊评价法和重要性分析法，以游客视角来构建评价体系[3]。Lee、Lin 等人以二元函数调研当地居民和国内游客的真实目的性，使用 SEM 技术分析数据[4]。Dogan 等人采用模糊多准则决策方法，利用 GIS 将结果可视化呈现[5]。Manupati 等人提出基于分析网络过程的多准则决策方法。Xu、Rollo 等人使用空间句法帮助设计师了解游客们对历史文化街区的空间认知，探讨游客的空间认知与街道网格之间的关系[6]。Garau 等人提出文化路径评估法（cultural paths assessment tool），结合空间句法、地理信息系统，进行定量和定性的个性化文化路径网络分析[7]。

在城市历史街区的评价体系研究方面，Yu、Wen 将层次分析法应用于

[1] KOU H Y, ZHOU J, CHEN J, et al. Conservation for Sustainable Development: The Sustainability Evaluation of the Xijie Historic District, Dujiangyan City, China [J]. Sustainability, 2018, 10 (12)。

[2] Chen Y Y, Yoo S, Hwang J. Fuzzy Multiple Criteria Decision-Making Assessment of Urban Conservation in Historic Districts: Case Study of Wenming Historic Block in Kunming City, China [J]. Journal of Urban Planning and Development, 2017, 143 (1)。

[3] TANG C C, ZHENG Q Q, Ng P. A Study on the Coordinative Green Development of Tourist Experience and Commercialization of Tourism at Cultural Heritage Sites [J]. Sustainability, 2019, 11 (17)。

[4] LEE G, LIN X, CHOE Y, et al. In the Eyes of the Beholder: The Effect of the Perceived Authenticity of Sanfang Qixiang in Fuzhou, China, among Locals and Domestic Tourists [J]. Sustainability, 2021, 13 (22)。

[5] DOGAN U, GUNGOR M K, BOSTANCI B, et al. GIS Based Urban Renewal Area Awareness and Expectation Analysis Using Fuzzy Modeling [J]. Sustainable Cities and Society, 2020, 54。

[6] Xu Y B, Rollo J, Jones D S, et al. Towards Sustainable Heritage Tourism: A Space Syntax-Based Analysis Method to Improve Tourists' Spatial Cognition in Chinese Historic Districts [J]. Buildings, 2020, 10 (2)。

[7] GARAU C, ANNUNZIATA A, YAMU C. The Multi-Method Tool 'PAST' for Evaluating Cultural Routes in Historical Cities: Evidence from Cagliari, Italy [J]. Sustainability, 2020, 12 (14)。

历史街区的评价研究，从真实性、适宜性、特征性、多样性、稳定性、观赏性、可达性、停留性、可管理性中得出权重因子。历史街区的更新保护倾向于强调历史建筑的原真性保护，也注重保留历史建筑的历史印记，将建筑历史物化，增强阅读性。街区形态的功能布局强调丰富的建筑功能，增强邻里体验和参与性，实现活力邻里的激发和再生，生活办公功能与展览、休闲、游憩等功能的融合。Kou、Zhou 结合遗产保护、利益相关者参与、经济发展、规划和治理等方面的研究，设计了包括 12 项指标和 27 项子指标的可持续性评价模型，选择以中国四川省都江堰市西街历史街区为案例来应用该模型。该模型通过问卷调查和深度访谈收集数据，采用定性和定量相结合的方法，加权平均，得出西街历史街区的可持续发展指数。Liu 以巴黎为例，分析精细化城市规划管理的方法和效用，总结巴黎的优秀经验，辅以广泛的社会共识、严格的行政管理以及有效的专业参与，提出了“存量规划”背景下的城市更新优化策略，为其他国家和城市的建设发展提供建议。Li、Wang 从保护地域的真实性原则来讨论历史街区的文化背景和连续性，目的是为了找到合适的解决办法来保持特殊的文化价值，他们从物质和文化两个方面进行对应分析，强调文化街区的生活特质。当地居民是文化的载体，也是守护其文化身份的核心所在，因此应倡导展现历史街区的真实发展状态。

国外的定量化数据分析主要从缓解城市热岛、室内空气质量、解决老年群体需求、建筑环境可持续项目、通勤活动范围及其优化、景观价值感知等问题出发。Wang、Mao 等人研究城市历史空间布局，使用 GIS 软件进行定量研究[1]。为探索更加精细化的体验，增强历史街区的可视化和互动性，Ma 应用 GIS 和 Sketchup 建模，以 Unity3D 为开发平台，通过建模和编程将场景空间模型集成一体化[2]。Fang、Zeng 等人采用多标准评价法

[1] WANG F，MAO W，DONG Y，et al. Implications for Cultural Landscape in a Chinese Context：Geo-analysis of Spatial Distribution of Historic Sites［J］. Chinese Geographical Science，2018，28（1）：167-182。

[2] MA Y P. Extending 3D-GIS District Models and BIM-Based Building Models into Computer Gaming Environment for Better Workflow of Cultural Heritage Conservation［J］. Applied Sciences，2021，11（5）。

(multi-criteria evaluation method)对景观视觉敏感性进行评估[1]。Wu 等人利用多源数据叠加来选取活力评价指标，通过层次分析法和 DEA 模型来建立活力评价体系[2]。Zheng 等人对 SCI 和 SSCI 数据库进行文献计量分析，对可持续发展的实践进行相关分析。

### 1.2.3 国内外文献分布分析

数字化转型、大数据、机器算法和数学模型等新城市科学数据的涌现，为城市更新的发展提出了新的研究视角，本节利用 CiteSpace 软件梳理分析近十年国内外历史街区更新研究的方向和进展，讨论未来新城市科学在我国历史街区更新的研究视角，经过定性研究和新数据新技术定量研究的深度整合，解决过去历史街区更新中无法处理的研究困境和技术难题。选取中国知网和 Web of Science 中 2012 年到 2021 年这 10 年的中文、英文核心文献，利用 CiteSpace 对研究热点、研究现状、研究进展和研究趋势等信息进行可视化分析，可以绘制出关键词共现、聚类、突现和时序的科学知识图谱，为历史街区更新设计实践提供坚实的理论支撑和技术支持。

本研究采用陈超美教授开发的开源可视化文献软件 CiteSpace 6. 1. R2 版本，用于分析近 10 年国内外历史文化保护街区的发展研究热点和研究发展趋势。将国内外文献导出成文档格式，进行 CiteSpace 的导入、导出数据处理，创建新的项目，时间区间选择 2012 年到 2021 年，时间切片为 1，节点类型选择作者、机构、期刊和关键词，修剪选择寻径和修剪分片网格，最后开启文献可视化分析界面，对可视化知识图谱进行调节展示。

1. *数据来源*

在中国知网的检索中，利用高级检索工具，主题检索“里弄”“历史

[1] FANG Y N, ZENG J, NAMAITI A. Landscape Visual Sensitivity Assessment of Historic Districts: A Case Study of Wudadao Historic District in Tianjin, China [J]. International Journal of Geo-Information, 2021, 10 (3)。

[2] WU F W, QIN S Y, SU C Y, et al. Development of Evaluation Index Model for Activation and Promotion of Public Space in the Historic District Based on AHP/DEA [J]. Mathematical Problems in Engineering, 2021, 2021。

街区”“历史风貌”“历史遗产”“更新改造”，各词之间通过“或含”连接，期刊来源选取中文文献核心库（SCI、EI、核心期刊、CSSCI 和 CSCD），检索时间跨度 2012—2021 年。检索时间 2022 年 5 月 4 日，检索出相关结果 1719 条，进行数据除重处理，剔除会议通知、设计作品、撤稿等不相关内容，共检索出相关文献 1590 篇。

在 Web of Science 中利用基础检索工具，选择 Web of Science 核心合集（SCI、SSCI、A&HCI、CPCI 和 BKCI），主题（TS）为“historic district（历史街区）”OR“heritage district（遗产区）”OR“urban renewal（城市更新）”，文献类型为 Article 或 Review，语种为 English，出版年为 2012—2021 年。每个词都单独检索，之后打开高级检索，进行组配式检索，以“OR”连接，检索时间 2022 年 5 月 8 日，共检索出相关文献 1099 篇。

2. 国内外文献研究分布

近 10 年来，中文核心期刊发文数量处于稳步发展阶段，2012—2017 年每年发文量保持在 150 篇以上，但是 2018—2020 年间每年发文量低于 150 篇，到 2021 年发文量又大幅上涨高达 198 篇，有继续稳步上涨的趋势（图 1-1）。英文核心期刊每年发文量整体逐步上涨，2012—2015 年稳步上涨，2016 年有下滑趋势，之后几乎每年递增幅度都在加大，2021 年发表了 212 篇，有进一步上涨的趋势（图 1-2）。

图 1-1　2012 年到 2021 年国内核心期刊相关主题文献发表量趋势图

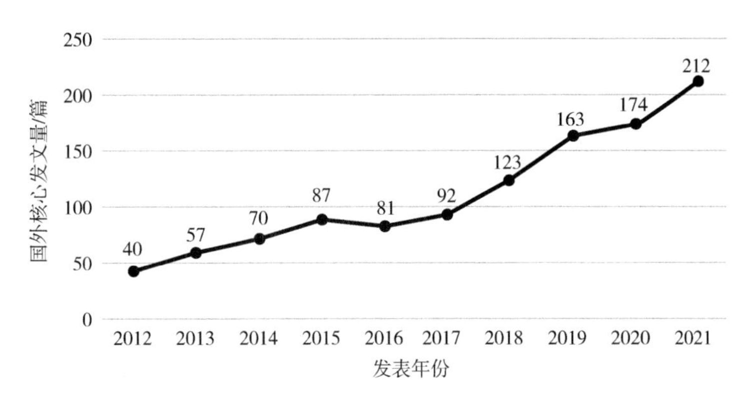


图 1-2　2012 年到 2021 年国外核心期刊相关主题文献发表量趋势图

国内的相关高引用率文章主要刊登于建筑规划类期刊，如《城市规划学刊》《城市规划》《建筑学报》《城市发展研究》等国内高水平刊物（表 1-4、表 1-5）。

**表 1-4　国内高引用率文章**

| 排序 | 文章名称 | 发表年份 | 发表期刊 | 被引用数 |
|---|---|---|---|---|
| 1 | 《城市老旧小区“微改造”的内容与对策研究》 | 2017 | 城市发展研究 | 253 |
| 2 | 《日本“社区营造”论——从“市民参与”到“市民主体”》 | 2013 | 日本学刊 | 236 |
| 3 | 《国内外历史街区保护更新规划与实践评述及启示》 | 2015 | 规划师 | 199 |
| 4 | 《上海田子坊地区更新机制研究》 | 2015 | 城市规划学刊 | 123 |
| 5 | 《基于 GIS 和空间句法的历史街区保护更新规划方法研究——以江门市历史街区为例》 | 2012 | 热带地理 | 121 |
| 6 | 《青岛历史文化街区价值评价与可持续发展对策研究》 | 2014 | 城市规划 | 118 |
| 7 | 《城乡历史文化聚落——文化遗产区域整体保护的新类型》 | 2015 | 城市规划学刊 | 107 |
| 8 | 《我国历史文化名城名镇名村保护的回顾和展望》 | 2012 | 建筑学报 | 106 |
| 9 | 《历史街区建筑肌理的原型与类型研究》 | 2014 | 城市规划 | 100 |
| 10 | 《历史文化街区的“微更新”——南京老门东三条营地块设计研究》 | 2017 | 建筑学报 | 97 |

**表 1-5　国外高引用率研究文章**

| 排序 | 文章名称 | 发表年份 | 发表期刊 | 被引用数 | JCR 区域 |
|---|---|---|---|---|---|
| 1 | 《More Than Just An Eyesore：Local Insights And Solutions on Vacant Land And Urban Health》 | 2013 | Journal of urban health | 117 | Q2 |
| 2 | 《The role of partnerships in ‘realising’ urban sustainability in Rotterdam's City Ports Area，The Netherlands》 | 2014 | Journal of cleaner production | 110 | Q1 |
| 3 | 《Sustainable urban greening strategies for compact cities in developing and developed economies》 | 2013 | Urban ecosystems | 102 | Q2 |
| 4 | 《Assessing the landscape and ecological quality of urban green spaces in a compact city》 | 2014 | Landscape and urban planning | 96 | Q1 |
| 5 | 《Environmental Challenges Threatening the Growth of Urban Agriculture in the United States》 | 2013 | Journal of environmental quality | 93 | Q3 |
| 6 | 《Circular economy strategies for adaptive reuse of cultural heritage buildings to reduce environmental impacts》 | 2020 | Resources conservation and recycling | 82 | Q1 |
| 7 | 《The developmental state，speculative urbanisation and the politics of displacement in gentrifying Seoul》 | 2016 | Urban studies | 81 | Q1 |
| 8 | 《The Role of Urban Agriculture as a Nature-Based Solution：A Review for Developing a Systemic Assessment Framework》 | 2018 | Sustainability | 76 | Q2 |
| 9 | 《Frontiers in urban ecological design and planning research》 | 2014 | Landscape and urban planning | 71 | Q1 |

（续）

| 排序 | 文章名称 | 发表年份 | 发表期刊 | 被引用数 | JCR 区域 |
|---|---|---|---|---|---|
| 10 | 《Demolition waste generation and recycling potentials in a rapidly developing flagship megacity of South China: Prospective scenarios and implications》 | 2016 | Construction and building materials | 65 | Q1 |

3. 国内外文献关键词共现分析

利用检索关键词的方式来寻找上海里弄街坊的研究热点，将检索到的国内外相关文献导入到 CiteSpace 6. 1. R2，得到了国内外关键词共现分析图谱。国内关键词共现分析图谱如图 1-3，节点数（N）为 419，连线数（E）为 539，网络密度（Density）为 0. 0062。总结国内关键词热点时，统计关键词研究热点频次和中心性（表 1-6），发现频次较高的有历史街区（360 次）、城市更新（124 次），紧接着还有保护、更新改造、文化遗产、风景园林、历史遗产、城市设计和遗产保护等。中心性代表节点在整个分析图谱中的连接性强度，中心性大于 0. 1 的有历史街区、城市更新、保护和更新改造。

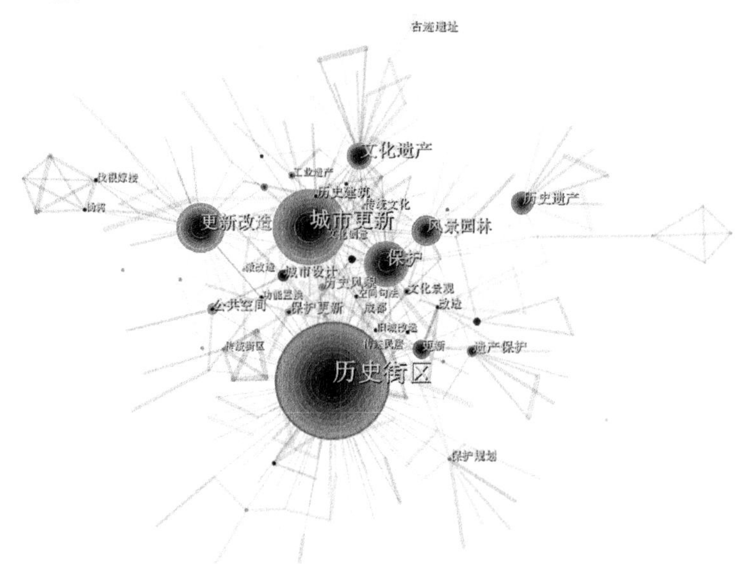


图 1-3　国内关键词共现分析图谱

表 1-6　国内关键词研究热点统计

| 频次 | 中心性 | 关键词 |
| --- | --- | --- |
| 360 | 0.49 | 历史街区 |
| 124 | 0.17 | 城市更新 |
| 64 | 0.19 | 保护 |
| 64 | 0.15 | 更新改造 |
| 42 | 0.09 | 文化遗产 |
| 42 | 0.07 | 风景园林 |
| 29 | 0.05 | 历史遗产 |
| 21 | 0.02 | 城市设计 |
| 18 | 0.04 | 遗产保护 |
| 17 | 0.01 | 更新 |
| 16 | 0.01 | 古村落 |
| 15 | 0.02 | 公共空间 |
| 14 | 0.02 | 保护更新 |
| 12 | 0.05 | 历史建筑 |
| 12 | 0.02 | 工业遗产 |
| 12 | 0.01 | 上海 |
| 11 | 0.03 | 保护规划 |
| 11 | 0.02 | 改造 |
| 11 | 0.01 | 文化景观 |
| 10 | 0.01 | 历史风貌 |
| 10 | 0.01 | 地方依恋 |

国外关键词共现分析图谱如图 1-4，节点数（N）为 366，连线数（E）为 1085，网络密度（Density）为 0.0162，与国内关键词相比，节点数略少，但连接数更多，网络密度更复杂。整理国外关键词并统计频次和中心性（表 1-7），国外关键词贡献分析图谱相比国内来说，各词之间有着更为紧密的联系，多学科交叉线较强。关键词频次较高的有城市更新（Urban renewal：118 次）、城镇（City：114 次），紧接着还有影响力（Impact）、模型（Model）、政策（Policy）、管理部门（Management）、地区（District）和文化遗产（Cultural heritage）等。中心性较强的节点有地区（Area）、政策（Policy）、影响力（Impact）、城市（Urban）和气候变化（Climate change）等。

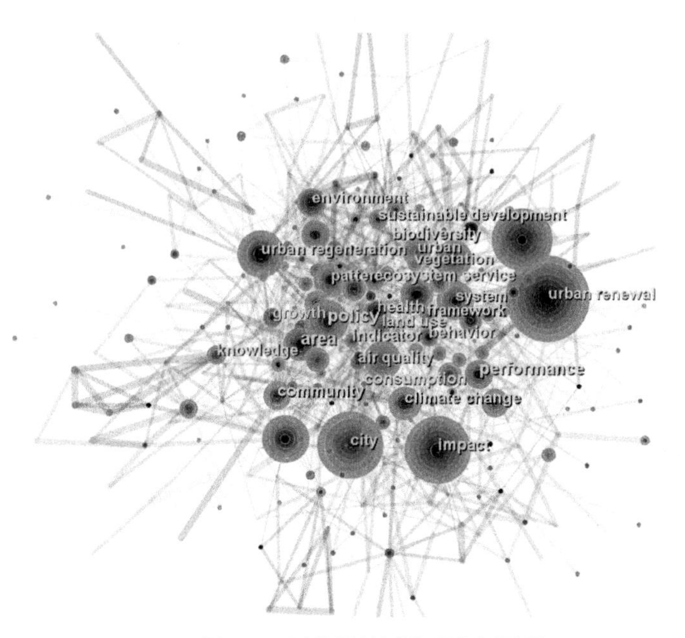


图 1-4 国外关键词共现分析图谱

**表 1-7 国外关键词研究热点统计**

| 频次 | 中心性 | 关键词 |
|---|---|---|
| 118 | 0. 05 | Urban renewal |
| 114 | 0. 05 | City |
| 86 | 0. 09 | Impact |
| 72 | 0. 03 | Model |
| 50 | 0. 10 | Policy |
| 46 | 0. 02 | Management |
| 45 | 0. 06 | District |
| 43 | 0. 03 | Cultural heritage |
| 43 | 0. 03 | Urban regeneration |
| 42 | 0. 08 | System |
| 41 | 0. 16 | Area |
| 40 | 0. 02 | Renewal |
| 37 | 0. 03 | Regeneration |
| 36 | 0. 09 | Urban |
| 30 | 0. 04 | Land use |
| 30 | 0. 02 | Conservation |
| 30 | 0. 09 | Climate change |

4. 国内外文献关键词共现聚类分析

在文献关键词的共现聚类分析中，进入可视化界面，寻找集群（Find clusters）并索引关键词标记集群（Label cluster with indexing terms），对国内关键词进行共现聚类分析，将关联性较强的词聚拢起来，从而形成聚类单元（图 1-5）。主要分成 9 个聚类单元，包括历史街区（#0）、文化遗产（#1）、风景园林（#2）、更新改造（#3）、城市更新（#4）、保护（#5）、保护更新（#6）和历史遗产（#7）等。聚类模块值（Modularity，简称 $Q$ 值）等于 0. 6964 大于 0. 3，意味着聚类结构显著，聚类平均轮廓值（Weighted Mean Silhouette，简称 $S$ 值）等于 0. 9237，当 $S$ 值结果为 0. 5 时，聚类的结果为合理；当 $S$ 值结果为 0. 7 时，聚类结果是值得信服的。聚类平均值（$Q$，$S$）（Har monic Mean）等于 0. 7941，结果较为理想。

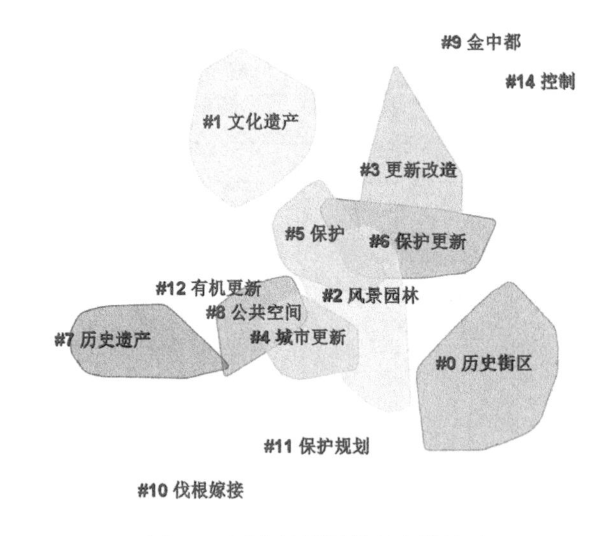


图 1-5　国内关键词共现聚类单元

对国外文献的关键词进行共现聚类分析，得出聚类单元（图 1-6），主要包括民族植物学（#0 ethnobotany）、循环经济（#1 circular economy）、历史建筑（#2 historic buildings）、城市再生（#3 urban regeneration）、生态系统服务（#4 ecosystem services）、炭黑（#5 black carbon）、城市更新（#6 urban renewal）和城市热岛（#7 urban heat island）等。$Q$ 值等于 0. 522，

大于0.3，意味着聚类结构显著；$S$值等于0.7535，大于0.7，聚类结果是值得信任的；聚类平均值（$Q$，$S$）等于0.6027，结果较为理想。

图1-6 国外关键词共现聚类单元

5. 国内外文献关键词突现分析

对国内文献的关键词进行突现分析，利用突现（Burstness）功能，设置$\gamma$值为0.8（$\gamma$的范围为［0，1］），最低程度耐久性（Minimun Durantion）值为1，显示出前20个最强引用突现词（图1-7），研究近10年关键词变化（2012—2021年）。深色部分代表关键词出现突现的时间段。突现强度最高的关键词是风景园林，强度值高达4.33，突现范围为2019年，与上海里弄研究相关的突现词还有功能置换、历史建筑、有机更新、保护更新、旧城改造、发展策略、石库门、规划策略、微更新、公众参与、地方依恋和大数据。其中只有微更新的突现强度低于2.0，只有1.93，其他突现词都超过2.0。公众参与和地方依恋开始于2018年，里弄的活化更新对这两点有着较大的需求。而大数据开始于2019年，近年来随着数字化转型的加快，对于里弄的研究从定性研究慢慢转向定量研究，未来必将向定性与定量相结合的方向发展。

前20个最强引用突现词

| 关键词 | 年 | 强度 | 开始 | 结束 | 2012—2021 |
| --- | --- | --- | --- | --- | --- |
| 功能置换 | 2012 | 3.07 | 2012 | 2014 | |
| 历史建筑 | 2012 | 3.04 | 2012 | 2012 | |
| 再利用 | 2012 | 1.97 | 2012 | 2013 | |
| 古村落 | 2012 | 2.50 | 2013 | 2013 | |
| 伐根嫁接 | 2012 | 2.36 | 2013 | 2013 | |
| 有机更新 | 2012 | 2.36 | 2014 | 2016 | |
| 火灾 | 2012 | 1.97 | 2014 | 2016 | |
| 传统文化 | 2012 | 1.93 | 2014 | 2015 | |
| 交通工程 | 2012 | 2.52 | 2015 | 2016 | |
| 保护更新 | 2012 | 2.38 | 2015 | 2017 | |
| 旧城改造 | 2012 | 2.09 | 2015 | 2017 | |
| 发展策略 | 2012 | 2.02 | 2015 | 2016 | |
| 石库门 | 2012 | 2.02 | 2015 | 2016 | |
| 规划策略 | 2012 | 2.54 | 2016 | 2018 | |
| 社会网络 | 2012 | 2.05 | 2017 | 2018 | |
| 微更新 | 2012 | 1.93 | 2017 | 2021 | |
| 公众参与 | 2012 | 2.87 | 2018 | 2021 | |
| 地方依恋 | 2012 | 2.85 | 2018 | 2021 | |
| 风景园林 | 2012 | 4.33 | 2019 | 2019 | |
| 大数据 | 2012 | 2.02 | 2019 | 2021 | |

图 1-7　国内关键词突现分析

对国外关键词进行突现分析，利用突现（Burstness）功能，设置 $\gamma$ 值为 1，最低程度耐久性（Minimun Durantion）值为 2，显示出前 23 个最强引用突现词（图 1-8）。突现强度高于 4. 0 的关键词有两个，分别是重金属（heavy metal）和死亡率（mortality），强度值分别高达 4. 94 和 4. 10，突现范围分别为 2013—2017 年和 2014—2016 年。与上海里弄相关的还有生物多样性（biodiversity）、公共卫生（public health）、环境（environment）、人口（population）、服务（service）、新协议（new deal）、能源消耗（energy consumption）、历史街区（historic district）、可持续（sustainability）、城市化（urbanization）和城市热岛（urban heat island），突现强度都高于 2. 4。由此可知，目前国外研究热点聚焦于历史街区、可持续、公共卫生、环境、外来化等问题，未来发展必然是城市化、可持续、弹性和城市热岛等方向。

前23个最强引用突现词

| 关键词 | 年 | 强度 | 开始 | 结束 | 2012—2021 |
|---|---|---|---|---|---|
| biodiversity | 2012 | 2.99 | 2012 | 2015 | |
| heavy metal | 2012 | 4.94 | 2013 | 2017 | |
| public health | 2012 | 3.29 | 2013 | 2016 | |
| sediment | 2012 | 2.81 | 2013 | 2016 | |
| soil | 2012 | 2.66 | 2013 | 2015 | |
| ecosystem service | 2012 | 2.49 | 2013 | 2014 | |
| mortality | 2012 | 4.10 | 2014 | 2016 | |
| environment | 2012 | 3.08 | 2014 | 2015 | |
| population | 2012 | 2.88 | 2014 | 2015 | |
| service | 2012 | 2.57 | 2014 | 2016 | |
| gentrification | 2012 | 3.34 | 2016 | 2018 | |
| hong kong | 2012 | 2.92 | 2016 | 2017 | |
| inequality | 2012 | 2.90 | 2016 | 2018 | |
| new deal | 2012 | 2.71 | 2016 | 2017 | |
| growth | 2012 | 2.63 | 2016 | 2019 | |
| contamination | 2012 | 2.41 | 2016 | 2017 | |
| energy consumption | 2012 | 3.44 | 2017 | 2018 | |
| energy efficiency | 2012 | 3.40 | 2017 | 2019 | |
| historic district | 2012 | 2.95 | 2017 | 2018 | |
| sustainability | 2012 | 3.21 | 2019 | 2021 | |
| resilience | 2012 | 3.17 | 2019 | 2021 | |
| urbanization | 2012 | 2.90 | 2019 | 2021 | |
| urban heat island | 2012 | 2.47 | 2019 | 2021 | |

图 1-8　国外关键词突现分析

### 6. 国内外文献关键词共现聚类时序图分析

在利用 CiteSpace V6. 1. R2 软件 Visualization 文件中的 Timeline View 绘制出的国内关键词共现聚类时序图谱，可以直观地看出关键词的频率大小，也能够清晰地看到关键词随着时间而发生的变化（图 1-9）。历史街区、文化遗产、风景园林、更新改造和城市更新等关键词的节点出现较早，文化景观、空间句法、历史建筑、保护体系和保护更新等关键词与之相关，陆续出现的文化产业、历史城区、满意度、微更新、价值评价、大数据、量化分析等关键词，将里弄的研究推向了大数据、新技术、新方法的全新研究视角，原来的旧城改造也慢慢变成微更新设计。

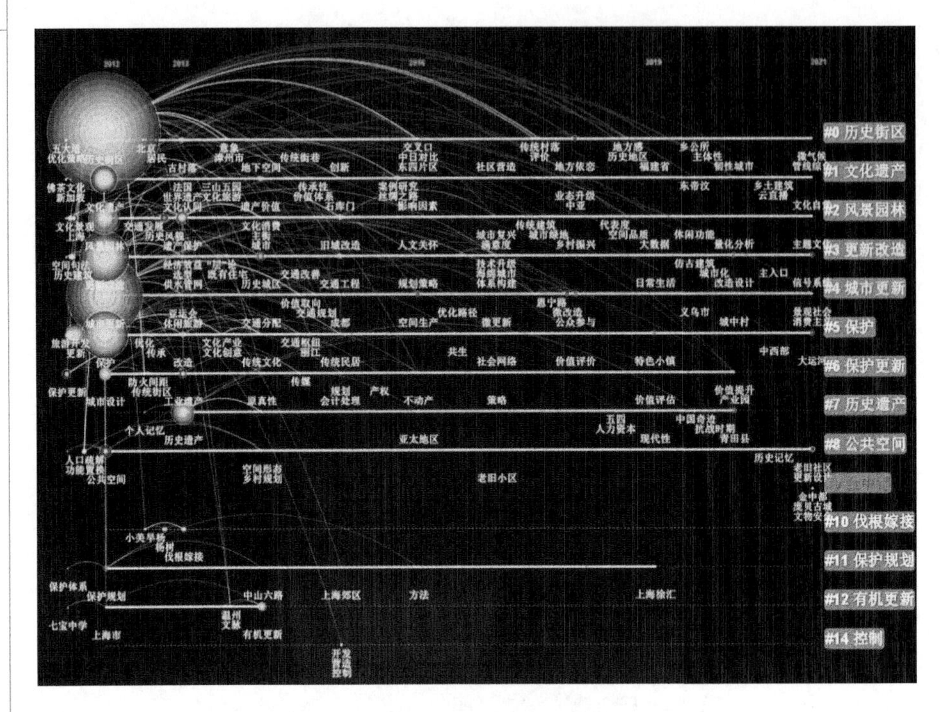


图 1-9　国内关键词共现聚类时序图谱

从国外关键词共现聚类时序图谱中可以看出，国外的关键词节点大小分布比较均匀（图 1-10）。首先是城市更新（Urban renewal）、系统（sys-

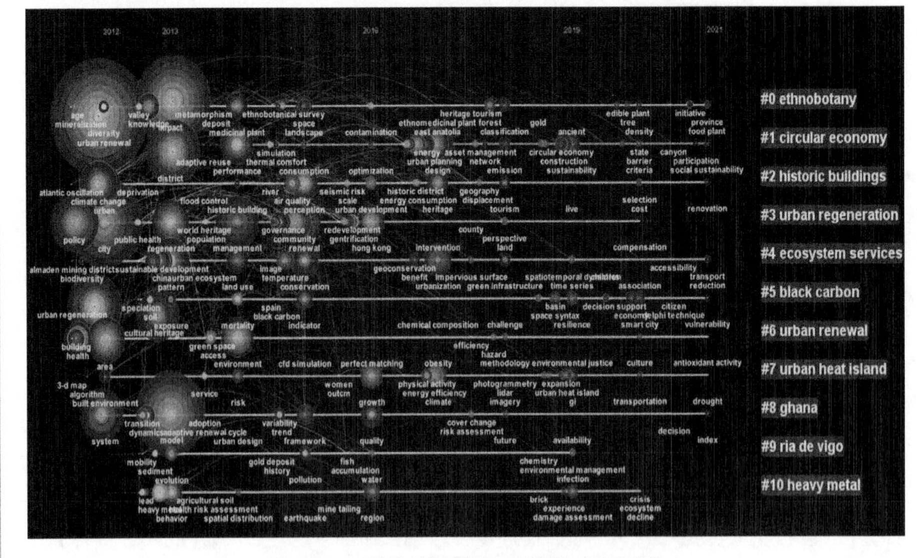


图 1-10　国外关键词共现聚类时序图谱

tem)、城镇(City)和城市再生(urban regeneration),紧接着是影响力(impact)、地区(district)、世界遗产(world heritage)、可持续发展(sustainable development)和文化遗产(cultural heritage)等关键词,而后陆续出现历史地区(historic district)、城市规划(urban planning)、空间句法(space syntax)、智能城市(smart city)、社会可持续发展(social sustainability)等关键词。

### 1.2.4 国内外研究动态综述

分析近10年国内外相关研究的进展,借助CiteSpace的可视化功能可以发现:国内的发文量在2021年开始出现爆发性增长;国外的发文量则一直处于快速增长状态,从2017年开始持续增长,关于历史街区的研究变得异常火热。在研究热点方面,国内主要聚焦于里弄、历史街区、城市更新和老旧社区等话题;而国外研究范围更广,主要聚焦于城市更新、城镇、影响力、模型、政策和文化遗产等多个方面。在研究趋势和发展轨迹方面,可将国内外文献分为定性研究、定量研究和定性定量相结合三类。国内研究主要在城市肌理、空间问题、规划更新模式、保护规划对策及发展趋势等方面进行定性研究;定量研究主要是结合数据,从分析满意度评价、社交网络分析法、系统动力学、人体热舒适度、品牌形象感知、游客和地方感知意象等方面进行研究;还有定性与定量相结合的研究,主要利用问卷调查、深度访谈、层次分析法、模糊层次分析法、地理信息系统和新的数据算法等方式,构建里弄更新研究的创新方法。国外经历过工业化污染、战后重建等问题,因此研究重点多趋于环境的可持续问题以及文化资源、交通、更新政策、机制与演化、场所营造等问题,对空间决策支持系统、决策矩阵框架和决策变量等进行定性研究;而在定量研究方面多利用GIS、建模软件等进行大数据分析;在定性定量相结合方面,利用多准则决策法、空间句法地理信息系统等对多源数据进行整合研究。

总体来说,国内外学者对风貌区的人文历史传承和里弄更新活动较为关注,关于里弄街坊的研究成果主要集中在对风貌保护街坊的保护修缮、提升文化价值和规划管控方面,而对非保护类里弄街坊的活化更新鲜有关注。这类里弄街坊的保护价值没有风貌保护街坊高，在城市更新过程中往往会被改为其他功能空间，但其仍处于风貌保护区的范围内，因此，在改造更新过程中既要满足新的城市功能需求，又要延续已有的空间记忆和人文记忆，还要与周边的风貌环境相协调，现代设计与传统文化之间的平衡与融合变得至关重要。近年上海市风貌保护区内更新改造了一批非保护类里弄街坊，其中一部分在完成后出现了公众认可度低、割裂历史文脉、丧失场所记忆、文化氛围变弱、商业气氛过重等问题，说明在活化更新过程中出现了盲目设计和失控的问题。

## 1.3 主要内容与基本方法

### 1.3.1 主要内容

本书的主要内容包括以下三个部分：

首先，对上海风貌保护区非保护类里弄街坊活化更新设计的评价体系和优化策略进行基础研究。通过分析非保护类里弄街坊活化更新设计的系统构成，构建以公众认知度为核心的上海风貌保护区非保护类里弄街坊活化更新的“记忆—认知”模型，确定上海风貌保护区非保护类里弄街坊活化更新的系统构成以及空间格局、建筑特征、巷弄空间、景观绿化四项子系统。

其次，构建非保护类里弄街坊活化更新设计评价体系，通过调研现状、统计和分析资料，在坚持历史文化传承、以人为本、定性指标与定量指标相结合、客观指标与主观指标相结合、广泛性适用、层次性等设计原则的基础上，建立上海风貌保护区非保护类里弄街坊活化更新设计等级评价集。

最后，提出非保护类里弄街坊活化更新设计策略，包括里弄街坊的空间格局系统、建筑特征系统、巷弄空间系统、景观绿化系统的分类活化更新设计和管控策略，用以指导上海风貌保护区范围内大量的非保护类里弄街坊的活化更新设计实践活动。

本书在上海市着力打造“上海文化”品牌的社会背景下，充分挖掘上海市历史文化风貌保护区悠久、宝贵的人文历史资源，梳理上海风貌保护区里弄人文历史的发展脉络，对其发展现状进行评析，而后以城市微更新为发展契机，从空间格局、建筑特征、巷弄空间、景观绿化4个方面分别探讨上海风貌保护区非保护类里弄街坊活化更新设计路径。整合公众、政府、开发商、设计师等多方力量，形成城市人文历史资源的“挖掘—提炼—展示—管控”全过程设计体系，拓展上海城市文化的影响力，增强市民的文化认知和文化自信，构建上海风貌保护区里弄人文历史资源的高效传承路径。

### 1.3.2 基本方法

1. 调查研究法

通过实地考察、访谈调研和整理分析资料数据等方法，对上海风貌保护区的历史文献、照片、影像记录等资料进行搜集，整理归纳出上海风貌保护区里弄人文历史的基础资料，包括名人事迹、历史沿革、地标性设施、历史事件、传统生活习惯等。访谈调研主要是与居民、游客、外来经营者交流对上海风貌保护区里弄人文历史的认知与感受，同时运用问卷调查法重点对老年人和少年儿童两类特殊群体进行详细调研。而后定性分析上海里弄的价值、构成要素以及对周边环境的影响机制，在此基础上，以定量研究为主线对上海里弄进行数据分析。

2. 文献研究法

对国内外关于历史街区保护、城市文化展示、城市风貌保护、城市更新等话题的研究成果进行阅读整理和分析归纳，总结目前关于城市更新和历史街区人文历史展示的最新动态和发展趋势。对国内外具有代表性的典型城市历史街区活化更新案例进行详细解读，提取有效的理论支撑、设计思路和设计策略，尤其对上海市风貌保护区里弄街坊的相关文献资料进行重点整理和分析，梳理上海风貌保护区的保护和演变历程。利用CiteSpace对相关核心文献进行数据化梳理，借鉴国内外历史文化街区发展方面的研究方法，结合上海城市发展的实际需求与变化，探索适合上海风貌保护区非保护类里弄街坊的发展方法和技术路径。

3 案例研究法

对上海风貌保护区非保护类里弄更新案例进行针对性调研和研究，研究重点包括其空间组织形式、空间利用方式、公众评价、技术要点等，通过搜集整理和分析上海风貌保护区非保护类里弄更新案例，挖掘可以进行品质优化的城市公共空间，探讨人文历史展示与城市公共空间品质改善的契合点，有效利用目前上海风貌保护区中的消极城市空间，将其转化为可读性强、体验丰富、创意巧妙、认知度高的创新型城市文化展示空间。

4. 归纳分析法

对上海风貌保护区非保护类里弄更新案例进行整理分析，以公众体验为核心，定性指标与定量指标相结合，客观指标与主观指标相结合，确定基于公共空间、街区景观和街道设施的城市人文历史多元化传承设计方法，将上海风貌保护区里弄街坊的人文历史以现代创新的形式展示给大众，打造有魅力、有活力、有温度的人文之城。经过系统分析、定量分析、大数据研究，在专家打分的基础上，将所构建的策略和技术方法应用到上海中心城区非保护类里弄的评价与优化提升中，将理论研究应用实践。

5. 跨学科研究法

本书研究涉及的学科较多，包括艺术学、建筑学、心理学、社会学、城市规划学、景观学、环境行为学等学科领域，在研究过程中综合运用多学科理论交叉拓展研究思路，采用多学科的研究方法对上海风貌保护区非保护类里弄街坊活化更新的设计方法进行探讨，拓宽研究视野。其中，地理学研究方法带来了丰富的空间信息数据，这对于传统的城市更新研究来说是一项巨大挑战，由此对上海风貌保护区非保护类里弄街坊进行传统数据和大数据的采集，通过挖掘数据背后的结构特征对非保护类里弄街坊活化更新后的发展规律进行探索。

# 第 2 章　上海风貌保护区非保护类里弄的活化更新

## 2.1 上海风貌保护区的历史沿革

上海自开埠以来已有 180 年的发展历史，期间经历了 3 次重大转型，在城市中留下了清晰的印记，其中既有中西文化交融的租界花园洋房，又有充满烟火气息的里弄住宅；既有充满时代意义的工业遗址，又有华丽壮观的外滩万国建筑博览群；既有中国共产党诞生地等红色文化遗址，又有沪剧、滑稽戏等非物质文化遗产。这些都是城市宝贵的财富，是人文历史在城市中的缩影。

随着人们对城市文化遗产保护重视程度的提高，保护观念的传播广度和深度都有所增长，上海历史文化风貌区的确立和完善，正体现了上海对城市历史人文资源保护意识的不断强化和细化（表 2-1）。通过不断完善保护条例和管控措施，目前上海对城市人文历史遗迹及城市整体风貌的保护已经取得了一定的成效。

**表 2-1　上海风貌保护区的历史沿革**

| 时间 | 重要事件 |
| --- | --- |
| 1986 年 | 被批准为国家历史文化名城 |
| 1991 年 | 颁布了《上海市优秀近代建筑保护管理办法》 |
| 1991 年 | 组织编制《上海市历史文化名城保护规划》 |
| 1999 年 | 编制了《上海市中心区历史风貌保护规划（历史建筑与街区）》 |
| 2002 年 | 颁布了《上海市历史文化风貌区和优秀历史建筑保护条例》 |
| 2003 年 | 正式提出“建立最严格的历史文化风貌区和优秀历史建筑保护制度” |
| 2004 年 | 以衡山路—复兴路历史文化风貌区为试点，开展历史文化风貌区控制性详细规划的编制 |
| 2005 年 | 出台了一系列《上海市历史文化风貌区保护规划》 |
| 2015 年 | 建立优秀历史建筑增补的常态化机制，上海市优秀历史建筑已有 1058 处 |
| 2016 年 | 颁布了历史文化风貌区范围扩大名单，包括 119 处保护街坊和 23 条保护道路 |
| 2017 年 | 颁布了第二批风貌保护街坊名单，包含 131 处风貌保护街坊 |

### 2.1.1 上海风貌保护区的初步建立

上海对城市历史风貌的保护意识始于20世纪末，初期主要是通过制定管理法规的方式对城市中的重要历史遗产进行保护。上海于1986年被批准为国家历史文化名城。1991年，上海市颁布了《上海市优秀近代建筑保护管理办法》，1993年公布了第一批优秀历史建筑名单，共61处，同时上海开始关注城市成片区域历史风貌的保护问题[1]。但由于当时还没有出台具体的规划控制和详细管理条例，缺乏对相关地块的针对性措施，所以历史风貌保护规划对20世纪90年代大规模旧城改造中城市人文历史风貌的保护效果比较有限。2003年上海市根据《上海市历史文化风貌区和优秀历史建筑保护条例》确定了中心城区12片历史文化风貌区。后来，风貌保护的范围不断扩大，延伸到城市郊区、风貌保护街坊、风貌保护道路等，对上海城市风貌的保护越来越完善，也越来越受到大众的关注。

### 2.1.2 上海风貌保护区制度的发展

2002年，上海市颁布了《上海市历史文化风貌区和优秀历史建筑保护条例》，进一步明确了历史文化风貌区的概念和具体保护要求，加大了对建筑单体和成片区域风貌的保护力度，对历史文化风貌区的保护规划、建设管理、保护政策等做出了相应的规定，明确了历史文化风貌区的定义：历史建筑集中成片，建筑样式、空间格局和街区景观较完整地体现上海某一时期地域文化特点的地区。在这之后上海陆续确立了44片历史文化风貌区，总面积达41平方公里，其中，中心城区历史文化风貌区12片，郊区及浦东新区历史文化风貌区32片。2003年10月，上海市召开城市规划工作会议，正式提出“建立最严格的历史文化风貌区和优秀历史建筑保护制度”，将上海的历史风貌保护提到了前所未有的高度。2004年，上海市规划局以《衡山路—复兴路历史文化风貌区保护规划》为试点，组织开展了

[1] 邵甬．从“历史风貌保护”到“城市遗产保护”：论上海历史文化名城保护［J］．上海城市规划，2016，(5)：1-8。

历史文化风貌区控制性详细规划的编制工作，并设计了“专家特别论证制度”，以杜绝城市建设中随意更改规划的情况。2005 年，上海市出台了一系列《上海市历史文化风貌区保护规划》，在控制性详细规划层面，对用地性质、建设容量控制、道路交通、市政设施、绿化景观、公共设施配套等进行有效控制；在城市设计控制层面，对建筑密度、建筑沿街高度和尺度、建筑后退红线、街道空间等进行有效控制。2007 年，上海确定了 144 条风貌保护道路，其中 64 条代表上海近代典型城市风貌特征的道路被定为“永不拓宽的马路”。至此，上海市风貌保护区的保护制度基本确立，在城市建设与更新中逐步发挥作用。

### 2.1.3　上海风貌保护区制度的逐步完善

上海市后续又将相当数量未被划进历史文化风貌区范围内的、具有较好历史价值和风貌特色的建筑和街区列入扩充名单，不断完善风貌保护体系的完整性和系统性。2015 年，上海市确定了第五批优秀历史建筑，共 426 处，建立优秀历史建筑增补的常态化机制，至此，上海市优秀历史建筑总数为 1058 处。2016 年，上海市将 119 处风貌保护街坊和 23 条风貌保护道路列入上海市历史文化风貌区范围扩大名单。2017 年，上海市将 131 处第二批风貌保护街坊列为上海市历史文化风貌区范围扩大名单并予以公布。目前，上海市的风貌区保护制度体系更加健全，正朝着控制更加完善和管理更加精细的方向不断发展。

## 2.2　上海风貌保护区非保护类里弄概况

近 30 年来，上海不断加强对历史文化遗产的保护广度和深度。21 世纪初，上海建立了历史风貌保护制度，实现了从历史建筑单个保护到历史街区“整体性保护”的转变，对城市空间和历史文化的保护与延续成为新的关注重点。里弄是近代上海建造量最大、分布最为广泛的建筑类型，虽然由于旧改工作的进行，已经拆除了相当一部分，但就其现状存量来看，里弄仍旧是上海中心城区历史空间的重要组成部分。截至 2021 年底，上海市区范围内现存的里弄共计1900余处，约5万幢居住单元。作为近代最主要的居住建筑，里弄的空间分布与上海近代城市空间拓展进程基本吻合，是最能全面体现上海近代城市发展轨迹的建筑类型。

### 2.2.1 上海风貌保护区非保护类里弄的特点

里弄住宅的形成最初是为了满足不断增长的居住需求。1840年，英国的一声炮响打开了“上海的大门”，外国人陆续来此通商、定居。上海政府颁布了《上海土地章程》，明文规定租界的范围、规章制度，形成了早期“华洋分居”的局面。1853年的小刀会起义结束了这种隔离的局面，大量华人涌入外国租界躲避战火。1854年，外国领事不顾中国的意见，自行修订了《上海土地章程》，删除了不得建造房租与华人的条例，使华人进入租界的行为得到法律承认，外商从事房地产开发变得“合法”，华人的大量涌入导致外商开始大量从事房地产经营。早期都是联排式布局的木板房屋，价格低廉、施工简易、速度够快，这种形式被命名为“××里”，这就是早期上海里弄的雏形。

后来，木质板房因为易燃而被取缔，石库门里弄开始走上历史舞台。石库门建筑更加坚固、耐用，布局更接近江南传统院落形式，更符合中国人含蓄的居住习惯，它保持着完整的弄堂、安静的内室以及熟悉的两厢，这种住宅具有中国传统的建筑对外较为封闭的特征。石库门建筑采用西方联排式住宅的布局方式，一排排石库门建筑形成了一条条弄堂。最早的弄堂大多分布在外滩和老城厢北部，20世纪后，房地产开发如雨后春笋般涌现，上海石库门里弄的规模开始增大。里弄的平面、结构、形式和装饰也有了一定的变化，单元的占地面积变小了，平面布局更紧凑了，开间由原来的三开间、五开间变成单开间和双开间，建筑结构以砖墙承重代替了老式石库门的传统立帖式，墙面由石灰粉刷改为青砖或红砖，西方建筑装饰题材也越来越多，这就是新式石库门里弄。后来，传统的石库门里弄被淘汰，封闭的天井改成了开敞或半开敞的绿化庭院，西方建筑的样式也变得越来越丰富。20世纪30年代后，出现了标准更高、档次更好的花园里弄，这种住宅是半独立式的，风格上多为西班牙式或现代式，室内布局及建筑外观更像是独立的私人住宅，开始注重建筑间的绿化环境。同期还有公寓里弄，这是一种分层的居住单元格集合式住宅，至此，上海的里弄建筑发展已进入尾声。目前，在上海中心城区，尤其是12片历史文化风貌区内，仍然有大量各种类型的里弄住宅，具有宝贵的历史和文化价值。

非保护类里弄是指上海中心城区范围内，根据《上海市历史文化风貌区和优秀历史建筑保护条例》划定的市中心12片历史文化风貌区中，那些不受相关法律法规保护的里弄街坊，尤其是一些旧式里弄，它们既不属于优秀历史建筑，又达不到高超的艺术美学价值，更多时候成为开发商眼里的商业宝地，急需得到社会的广泛关注和保护。由于城市空间的快速发展，旧城改造的呼声很高，这些非保护类里弄首先成为大规模拆除重建的目标，城市原有空间肌理、环境风貌、路网格局、空间形态和历史街区正在慢慢消逝。目前急需针对非保护类里弄街坊进行有机更新与活化利用，尊重非保护类里弄的历史记忆，保留属于上海非保护类里弄文化的人文精神和文化根基，这些不是扩大街巷尺度、重建恢宏的建筑、建设“大马路”“大广场”能带来的。要从量化的视角来探究群众的内心感受，注重对人的精神文化的提升，增强人对里弄的归属感和文化认同感，从而延续好上海非保护类里弄街坊的历史文化传承。

现存的非保护类里弄街坊中，老式里弄的存量最大，达六成以上，绝大多数为后期老式石库门里弄；其次为新式里弄，约占三成。早期老式石库门里弄由于建造时间长、结构较差、翻建较多导致所存甚少。

### 2.2.2 上海风貌保护区非保护类里弄的分布

上海里弄的建设源自不断增长的居住需求，1843年11月17日正式开埠以后，上海作为中国第一个半殖民地城市，吸收接纳了来自全国乃至世界各地的移民。19世纪50年代上海小刀会在老城厢起义，江浙一带的百姓为逃离战火纷纷涌入租界谋生，为满足其居住条件，外商在租界内部建起木板简房向华人出租。里弄借鉴了江南传统民居多沿河道排列的习惯，从现存的里弄肌理中可以发现，里弄大多分布在沿河、江或城市主干道周边。

随着城市的快速发展与更新，上海中心城区的空间形态演变得很快，一方面表现在城市的肌理由细腻变得粗糙，小尺度的里弄住宅和细密的街巷逐渐转变为大尺度的商业综合体、摩天大厦和宽阔的街道；另一方面表现在更新后城市片区内建筑面积、容积率明显增加，建筑功能发生显著变化。曾经的传统里弄建筑被各种类型的商业综合体所取代，这种现象在带来巨大商业利润的同时，也改变了原有的城市肌理和空间形态，传统的里弄、石库门街区逐渐被取代、包围、孤立，在街区空间和资本效益方面沦为城市洼地。

在上海历史文化风貌区中，那些体现城市历史文化发展过程的重要历史建筑及环境往往保护得较为完整，这类历史建筑的建设年代有早有晚，大多数是在近代上海开埠以后逐步建造起来的。上海市中心城区历史文化风貌区共计 12 片，占地面积约 27 平方公里，其中里弄建筑占地面积约占总面积的 16%（图 2-1）。

图 2-1　上海历史文化风貌区中里弄的分布情况

上海市中心城区 12 片历史文化风貌区中，拥有里弄风貌特色的历史文化风貌区共计有 8 片，主要特色如下（表 2-2）。

**表 2-2　上海市中心城区里弄风貌集中区域及其特色**

| 风貌区名称 | 风貌特色 | 风貌区总面积/公顷 | 里弄风貌占比 |
|---|---|---|---|
| 衡山路—复兴路历史文化风貌区 | 花园住宅、革命史迹 | 775 | 26% |
| 老城厢历史文化风貌区 | 传统寺庙、商业建筑、街巷格局 | 199 | 11% |
| 人民广场历史文化风貌区 | 近代商业文化娱乐建筑、城市空间和里弄住宅 | 107 | 8% |
| 南京西路历史文化风貌区 | 各类住宅和公共建筑 | 115 | 10% |
| 提篮桥历史文化风貌区 | 特殊建筑、里弄住宅 | 29 | 4% |
| 山阴路历史文化风貌区 | 革命史迹、里弄住宅 | 129 | 11% |
| 愚园路历史文化风貌区 | 花园住宅、新式里弄和教育建筑 | 223 | 11% |
| 外滩历史文化风貌区 | 金融贸易建筑群 | 101 | 2% |

衡山路—复兴路历史文化风貌区的面积最大，有 775 公顷，以花园里弄、革命史迹为风貌特色，其中里弄建筑占地面积约占该风貌区总面积的 26%，占到历史建筑的一半左右。衡山路—复兴路历史文化风貌区的范围与近代上海法租界西区基本一致，一直在上海城市结构中占有重要地位，涉及徐汇区、黄浦区、静安区、长宁区 4 个行政区，里弄住宅、花园洋房高度集聚，是海派文化的集中代表地区（图 2-2）。

图 2-2　衡山路—复兴路历史文化风貌区里弄分布

老城厢历史文化风貌区为黄浦区的人民路至中华路以内区域，以传统寺庙、商业建筑、街巷格局为风貌特色，总面积199公顷，其中里弄建筑占地面积约占该风貌区总面积的11%。老城厢是上海市中心城区12片历史文化风貌区中历史最悠久、最具有本土历史文化特色的区域，其历史可追溯至元代上海县的建成，县址就位于目前老城厢的区域。上海开埠之后，城市空间发生巨变，但由于老城厢自古以来人口密度大，且上海县是依靠黄浦江发展起来的城市，所以里弄建筑多贴近江域（图2-3）。

图2-3　老城厢历史文化风貌区里弄分布

人民广场历史文化风貌区位于上海市黄浦区，东到浙江中路，南至延安东路，西到成都北路，北至北京西路，以近代商业文化娱乐建筑、城市空间和里弄住宅为风貌特色，总面积107公顷，其中里弄建筑占地面积约占该风貌区总面积的8%。人民广场历史文化风貌区既是上海的行政文化中心，又兼具百货零售、文旅、居住、交通枢纽等重要功能，所以居住空间占比较小（图2-4）。

南京西路历史文化风貌区位于静安区，以各类住宅和公共建筑为风貌特色，总面积为115公顷，其中里弄建筑占地面积约占该风貌区总面积的10%。南京西路历史文化风貌区初具雏形的时期，娱乐场所大肆建设，使其成为旧上海“十里洋场”的一部分，名扬中外，因此，南京西路历史文化风貌区多为商业消费场所集聚地，里弄建筑的分布多位于商业用地的周围（图2-5）。

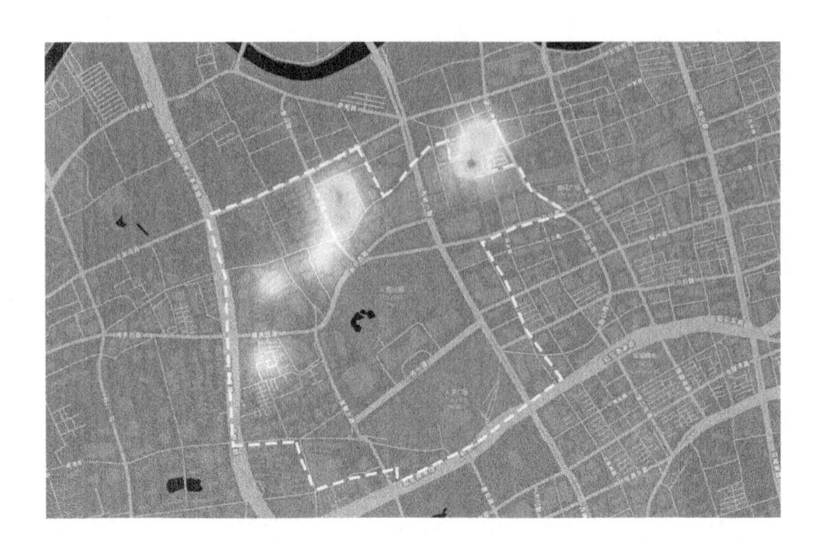

图 2-4　人民广场历史文化风貌区里弄分布

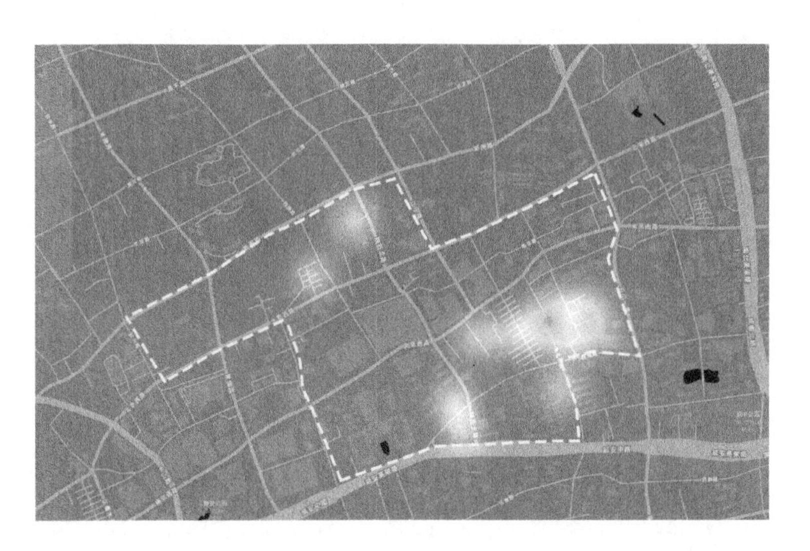

图 2-5　南京西路历史文化风貌区里弄分布

提篮桥历史文化风貌区范围为：保定路—长阳路—临潼路—杨树浦路—海门路—昆明路—唐山路—舟山路，以特殊建筑、里弄住宅为特色风貌，总面积约 29 公顷。其中里弄建筑面积约占该风貌区总面积的 4%。提篮桥历史文化风貌区在第二次世界大战时期为避难的犹太人提供了庇护所，虽然占地面积较小，但里弄中的建筑用地也占据了可观的一部分（图 2-6）。

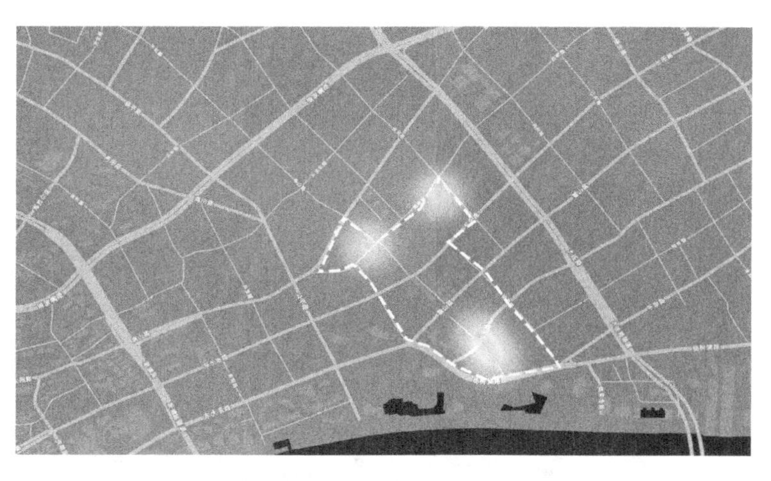

图 2-6 提篮桥历史文化风貌区里弄分布

山阴路历史文化风貌区以革命史迹、花园住宅、新式里弄为风貌特色，总面积约为 129 公顷，其中里弄建筑占地面积约占该风貌区总面积的 11%。山阴路历史文化风貌区多为方格网布局，拥有数量众多的名人故居和纪念场所以及历史革命遗迹，多沿道路分布，建筑风格多样，特色各异（图 2-7）。

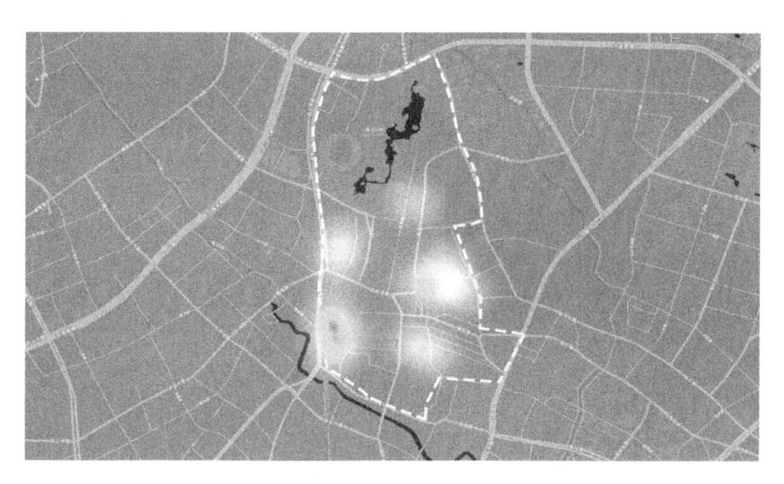

图 2-7 山阴路历史文化风貌区里弄分布

愚园路历史文化风貌区以花园住宅、新式石库门里弄和教育建筑为特色风貌，总面积 223 公顷，其中里弄建筑占地面积约为该风貌区总面积的 11%。愚园路历史文化风貌区包含大量新式里弄与花园住宅，多为 20 世纪 30 年代末因战火而涌入这里的大量逃难者所建，大部分路段在当年属于公共租界越界筑路地区（图 2-8）。

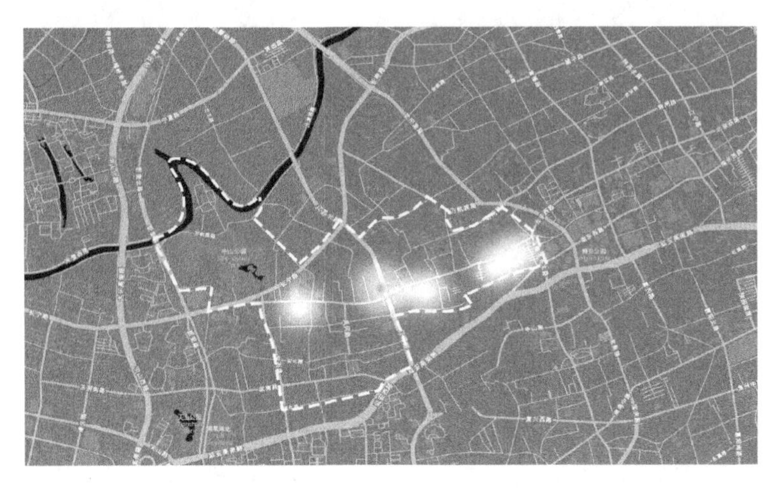

图 2-8　愚园路历史文化风貌区里弄分布

外滩历史文化风貌区涉及黄浦、虹口两个行政区，是由黄浦江—延安东路—河南中路—河南北路—天潼路—大名路—武昌路围合而成的区域，总面积为 101 公顷。外滩历史文化风貌区的建筑面貌基本形成于 19 世纪 30 年代，以金融贸易建筑为代表，其中里弄建筑占地面积约占该风貌区总面积的 2%。外滩历史文化风貌区底蕴丰富，是中心城区优秀近代建筑的集聚地，拥有大量城市景观资源，彰显着现代大都市的独特历史风貌，仅有的里弄建筑多沿江分布（图 2-9）。

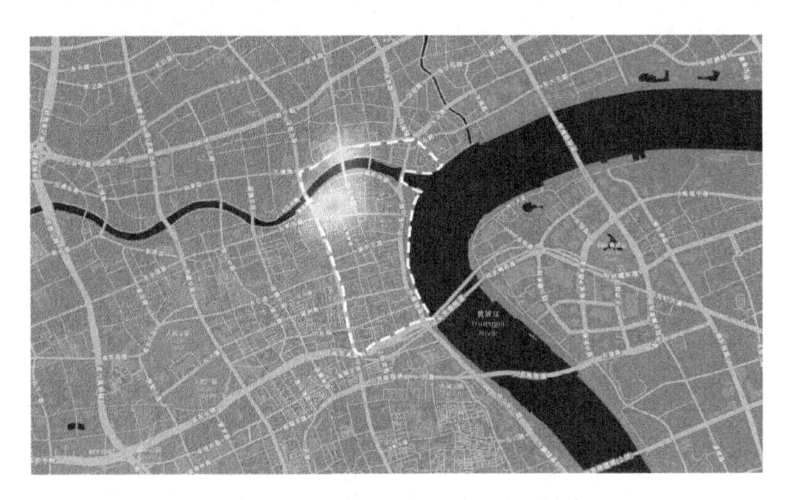

图 2-9　外滩历史文化风貌区里弄分布

### 2.2.3 上海风貌保护区非保护类里弄的现状

上海的旧区改造始于20世纪90年代，1992年上海提出旧改工作目标，要在20世纪末完成365公顷的危棚简屋改造工作[1]。至2020年，上海已提前超额完成“十三五”制定的旧区改造工作目标。现阶段旧区改造地块基本处于上海市中心，大多是非保护类里弄街坊，分布零散，现实情况也较为复杂，在更新过程中存在很多难点（表2-3）。

**表2-3 上海中心城区历史文化风貌区里弄汇总**

| 历史文化风貌区 | 里弄名称 | 建造年代 | 住宅类型 |
| --- | --- | --- | --- |
| 老城厢历史文化风貌区 | 永业里 | 1932 | 旧式里弄 |
| | 三庆里 | 1912 | 旧式里弄 |
| | 鸿藻坊 | 1912 | 旧式里弄 |
| | 安成里 | — | — |
| | 诒瑞坊 | — | — |
| | 勤慎坊 | 1937 | 新式里弄 |
| | 懋德里 | 1924 | 旧式里弄 |
| | 文富里 | — | — |
| | 敬乐坊 | 1912 | 旧式里弄 |
| | 文盛坊 | 1926 | — |
| | 裕厚里 | 1912 | 旧式里弄 |
| | 华兴里 | 1912 | 旧式里弄 |
| | 高寿里 | — | — |
| | 佳志里 | — | — |
| | 三在里 | 1912 | 旧式里弄 |
| | 福庆里 | 1922 | 旧式里弄 |
| | 邻德里 | — | — |
| | 荣福坊 | — | — |
| | 福兴坊 | 1932 | 旧式里弄 |
| | 久安坊 | 1932 | 石库门里弄 |
| | 合兴坊 | 1937 | 旧式里弄 |
| | 福绥里 | 1930 | 旧式里弄 |
| | 吟赋里 | — | — |
| | 开明里 | 1912 | 旧式里弄 |
| | 如意里 | 1912 | 旧式里弄 |

[1] 迟英楠. 上海旧区更新改造的规划策略与机制研究［J］. 上海城市规划，2021（4）：66-71。

（续）

| 历史文化风貌区 | 里弄名称 | 建造年代 | 住宅类型 |
| --- | --- | --- | --- |
| 老城厢历史文化风貌区 | 永安里 | 1912 | 石库门里弄 |
| | 可爱里 | — | — |
| | 沛国里 | — | — |
| | 徽宁里 | — | — |
| | 瑞德里 | 1920 | 旧式里弄 |
| | 宁祥里 | — | — |
| | 庆安坊 | 1924 | 旧式里弄 |
| | 恒安坊 | 1937 | 旧式里弄 |
| 衡山路—复兴路历史文化风貌区 | 新安坊 | 1928 | 旧式里弄 |
| | 永盛里 | 1912 | 旧式里弄 |
| | 兴顺东里 | 1928 | 旧式里弄 |
| | 长寿里 | 1937 | 旧式里弄 |
| | 光华里 | — | — |
| | 大兴里 | 1930 | 新式里弄 |
| | 淮海坊 | 1924 | 新式里弄 |
| | 人民坊 | 1922 | 新式里弄 |
| | 孙顺里 | — | — |
| | 乐安坊 | 1912 | 石库门里弄 |
| | 桃源坊 | 1938 | 新式里弄 |
| | 渔阳里 | 1936 | 旧式里弄 |
| | 荣业里 | 1912 | 新式里弄 |
| | 正元里 | 1912 | 旧式里弄 |
| | 福寿里 | 1932 | 旧式里弄 |
| | 美仁里 | — | — |
| | 庆成里 | 1912 | 旧式里弄 |
| | 和合坊 | 1938 | 新式里弄 |
| | 兴隆邨 | — | — |
| | 南普庆里 | — | — |
| | 西成里 | 1926 | — |
| | 慈寿里 | 1925 | 旧式里弄 |
| | 万宜坊 | 1931 | 旧式里弄 |
| | 思南公馆 | — | — |
| | 惠安坊 | 1934 | 新式里弄 |
| | 慎成里 | 1931 | 旧式里弄 |
| | 合群坊 | 1929 | 新式里弄 |
| | 梧桐里 | — | — |
| | 建业里 | 1906 | 旧式里弄 |
| | 步高里 | 1930 | 石库门里弄 |

（续）

| 历史文化风貌区 | 里弄名称 | 建造年代 | 住宅类型 |
| --- | --- | --- | --- |
| 山阴路历史文化风貌区 | 文彦坊 | 1937 | 旧式里弄 |
| | 景云里 | 1925 | 石库门里弄 |
| | 永安里 | 1925 | 旧式里弄 |
| | 余庆坊 | 1928 | 新式里弄 |
| | 启秀坊 | 1928 | 旧式里弄 |
| | 恒盛里 | 1930 | 花园里弄 |
| | 四达里 | 1900 | 新式里弄 |
| | 恒丰里 | 1905 | 石库门里弄 |
| | 东照里 | 1920 | 新式里弄 |
| | 大兴坊 | 1920 | 旧式里弄 |
| | 祥吉里 | 1948 | 旧式里弄 |
| | 双庆里 | 1931 | 旧式里弄 |
| | 积善里 | 1924 | 旧式里弄 |
| | 润德坊 | 1937 | 旧式里弄 |
| | 敏德坊 | 1936 | 新式里弄 |
| 南京西路历史文化风貌区 | 春阳里 | 1920 | 旧式里弄 |
| | 祥云里 | — | — |
| | 张园 | 1918 | 石库门里弄 |
| | 荣康里 | 1923 | 旧式里弄 |
| | 震兴里 | 1927 | 旧式里弄 |
| | 德庆里 | 1927 | 旧式里弄 |
| | 丰盛里 | 1931 | 旧式里弄 |
| | 兴庆里 | 1929 | 旧式里弄 |
| | 安乐坊 | 1927 | 新式里弄 |
| | 慈惠北里 | 1934 | 旧式里弄 |
| | 慈惠南里 | 1934 | 新式里弄 |
| | 自在里 | 1911 | 新式里弄 |
| | 大同里 | 1911 | 新式里弄 |
| | 爱文坊 | 1912 | 新式里弄 |
| | 静安别墅 | 1926 | 新式里弄 |

（续）

| 历史文化风貌区 | 里弄名称 | 建造年代 | 住宅类型 |
|---|---|---|---|
| 人民广场历史文化风貌区 | 同福里 | 1900 | 旧式里弄 |
| | 祥康里 | 1924 | 石库门里弄 |
| | 同益里 | 1929 | 新式里弄 |
| | 协和里 | 1912 | 旧式里弄 |
| | 同春坊 | 1933 | 旧式里弄 |
| | 怀德里 | 1910 | 旧式里弄 |
| | 人安里 | 1901 | 石库门里弄 |
| | 渭水坊 | 1920 | 旧式里弄 |
| | 德兴里 | 1928 | 旧式里弄 |
| | 后逢吉里 | 1929 | 旧式里弄 |
| | 爱民弄 | 1981 | — |
| 提篮桥历史文化风貌区 | 桃源里 | 1921 | 旧式里弄 |
| | 晋阳里 | 1916 | 旧式里弄 |
| | 乐安里 | 1921 | 旧式里弄 |
| | 长春里 | — | 石库门里弄 |
| 外滩历史文化风貌区 | 三和里 | 1876 | 旧式里弄 |
| | 北京里 | — | — |
| | 瑞泰里 | 1930 | 旧式里弄 |
| 愚园路历史文化风貌区 | 俭德坊 | 1912 | 新式里弄 |
| | 锦园 | 1933 | 新式里弄 |
| | 愚园坊 | 1927 | 新式里弄 |
| | 涌泉坊 | 1936 | 新式里弄 |
| | 忠和坊 | 1938 | 旧式里弄 |
| | 安定坊 | 1936 | 花园里弄 |

目前，对非成片区域多采用零星旧改方式，通过统一征收方式将非保护类里弄街坊整体改造为具有商业、办公、文化娱乐、绿地等不同功能的地块，同时也在探索以“留房留人”的方式，保留非保护里弄中的原住民，对非保护类里弄进行室内外空间的全面修缮，在统筹历史文化风貌区和旧改方面，尽可能在旧改的同时保护好老建筑和城市肌理独有的历史风貌特色。上海目前仍有大量的非保护类里弄街坊等待着被更新改造，本书

重点探讨以上旧改模式中的第二种，即将非保护类里弄街坊活化更新为公建配套的，具有商业、文化等多种功能的地块，使其在新的城市环境下重新焕发光彩。

## 2.3 里弄活化更新的兴起

目前，我国城市建设呈现出由“速度优先”向“品质追求”转变的新态势，随之掀起了历史街区重塑的浪潮。目前，上海市共划定44片风貌保护区，总面积达41平方公里，是城市宝贵的人文历史资源。近年上海风貌保护区城市更新策略由“拆、改、留”转化为“留、改、拆”，着力改善存量空间的环境品质，在此过程中，历史街区的活化更新不仅注重对现有物质空间环境的改善，还特别强调对非物质文化的保护和利用，重视对城市文脉的延续和展示。

里弄的活化更新主要针对那些大量存在的、一般性的、暂未被列入风貌保护街坊名单的非保护类里弄街坊，将其功能空间由居住空间转化为文化、创意、旅游、办公、商业等多元化功能空间，通过在城市中进行渐进式、连续且尺度恰当的更新活动，对城市的公共空间形态、功能和环境品质进行改变和提升。活化更新过程强调多方参与、共建共享，引入创新的设计理念，综合考虑物质空间更新和人的需求，以艺术化的形式对城市既有环境进行改善，以里弄街区作为切入点激活整个片区，从而激发城市公共空间的活力，促进城市文化的传承和持续发展。上海风貌保护区的非保护类里弄街坊活化更新往往从城市中的公共空间改造入手，融入社会、人文、历史等要素，强调居民参与，解决民生问题，用多元化的城市更新活动改善人们的空间体验、加强文化认知。

### 2.3.1 政策支持与多元化的更新模式

上海作为一座历史文化名城，对历史文化的保护和发展进行了长期的实践和探索，积极尝试多元化的城市更新模式。1986 年 12 月国务院公布了第二批国家历史文化名城名单，上海榜上有名。作为有着重大历史价值和丰富文化资源的城市，上海必须进行专项的保护规划，将历史文化瑰宝纳入地方规划的保护计划当中。早在20世纪90年代初，上海城市规划管理部门就针对里弄的问题，提出了对历史文化风貌区进行保护及其范围划定的问题，通过《上海市优秀近代建筑保护管理办法》对一部分历史价值较高的建筑进行优先保护。而后，上海城市管理部门不仅看重单体建筑的保护，还对成片的具有历史风貌的街坊进行保护。最终，《上海市历史文化风貌区和优秀历史建筑保护条例》于2003年正式生效，随后中心城区的12片历史文化风貌区得以划定，并于年底正式获得上海市政府批准，自此，历史文化风貌区正式成为受法律保护的区域。目前，上海受到法律法规保护的区域主要包括历史文化风貌区、历史保护街坊和风貌保护河道等。其中，历史保护街坊是沿线历史建筑较为集中，建筑样式、建筑尺度和建筑风格相对统一，富有一定特色及一定历史价值的街坊，具有一定的历史价值。

自2014年起，上海开始试行一系列针对城市存量空间的更新办法，如牵头制定了《关于深化城市有机更新促进历史风貌保护工作的若干意见》等系列文件指导城市更新工作，最终通过《上海市城市更新实施办法》对上海的城市更新工作进行具体详细的控制和指导，使上海的城市更新向更加可持续的方向发展。2016年推出“12 + X”四大更新行动计划，以示范性项目的开展来全面推动整个城市的更新。上海市在2040规划中已经明确提出了“推动城市更新、转向存量规划”的城市发展战略，城市更新将成为未来上海发展的重要方向。近几年，城市更新活动逐渐兴起，开展形式也很多元化，由政府、开发商、产权人、设计师等多方主导的城市更新遍地开花，尤其是在上海的风貌保护区内部，活化更新活动给原有老旧的城市环境带来了新生，获得了居民的广泛支持。

2018年上海市印发《关于落实〈关于深化城市有机更新促进历史风貌保护工作的若干意见〉的规划土地管理实施细则》，根据十九大中关于文化遗产方针的保护传承，进一步落实细化历史风貌的保护管理政策[1]。

[1] 迟英楠. 上海旧区更新改造的规划策略与机制研究［J］. 上海城市规划，2021（4）：66-71。

2021 年上海市人民代表大会正式通过了《上海市城市更新条例》，对城市更新的内容、指引、计划、实施、保障和监管等方面做了全面的划分，建立起城市更新的制度与体系。当年的政府工作报告上指出，我国城市化率已提升到 64%，城市里的空间环境愈加趋向高密度拥挤状态，城市更新或旧城复兴行动成为解决城市发展的瓶颈的必经之路。2021 年 8 月住建部正式发布《住房和城乡建设部关于在实施城市更新行动中防止大拆大建问题的通知》，针对以“城市更新”为名的种种乱象，指出要严格控制大规模拆除、大规模增建、大规模搬迁，鼓励推动更新方式由“开发方式”向“经营模式”转变。2022 年《上海市城市更新指引》正式发布，其中关于城市更新的总体目标包括四个方面：第一，优化区域功能布局，推动产业升级；第二，构建多元融合的“15 分钟社区生活圈”；第三，加强历史文化保护和活化利用；第四，完善公共服务设施和市政交通设施。在以存量空间更新为主的城市环境下，里弄的活化更新需要找到新的市场机制，以人为本，注重文化传承，持续推进有机更新。

目前，根据上海城市更新的主导者进行分类，可以将城市更新分为五种模式：第一，以政府为主体的城市更新模式，主要是老旧社区的更新，重点是提升现有居住环境，例如春阳里的更新。第二，以政府、开发商、产权人为共同体主导的住宅区更新，这种更新模式的形式比较多样，有利于调动居民、设计师、开发商等多方群体的力量，在政府主导下充分利用社会上的多方力量共同完成更新设计活动，例如愚园路社区更新。第三，以产权人为主导的住宅自主更新，这类更新模式主要局限于小范围的住宅更新，对社区公共空间等人们使用频率较高的区域影响较小，更新所产生的效果也不够明显，例如风貌区内很多住宅的翻新。第四，以市场为主导的城市遗产更新，这种更新方式往往是以开发商为主体，一般来说更新的范围较大，完成的效果也有一定的保障。在更新过程中，相关规划部门也会严格把关，防止在更新过程中由于经济利益而对城市遗址造成破坏，防止假古董的产生，尽量对城市遗产进行原汁原味的保护和更新，例如上生所的更新，既保留了原有的历史建筑，又通过植入新的空间给整个厂区带来无限的活力和生命力。第五，以政府为主导的公共建筑更新，近年来，上海风貌保护区内有很多历史建筑通过政府有计划的城市更新活动而获得了新的生命，将原有的历史建筑空间改造为供市民参观、使用的公共空间，极大地丰富了人们对城市人文历史资源的认知途径，提高了城市人文历史的传承效率。例如，上海交响音乐博物馆就是将花园住宅更新为可以供大众参观的历史博物馆。

### 2.3.2 “行走上海”——社区空间更新

社区空间是市民生活的基本单元，是关系到城市空间品质和文化属性的重要场所，与城市文化的传播息息相关。社区空间的更新不仅要从空间和功能上进行，更要从人文历史的角度传承城市文化和城市精神，强化居民的文化认同感和文化自信。为了加强城市活化更新理念的推广，上海市政府从让社会公众积极参和到社区公共空间活化更新的角度入手，以共建、共治、共享为城市治理创新思路，由上海市规划和国土资源管理局联合组织开展了“行走上海 2016——社区空间微更新计划”专项活动。

“行走上海 2016”活动是上海市规土局在城市更新方面的重要品牌活动，主要目的是改善居民身边的社区环境，对基本的社区生活需求进行重点关注，主要从以下 4 个方面入手：第一，政府在城市更新中的角色类型由指导型变为服务型，在微更新过程中，政府尽量了解居民的实际需求，顺应社区发展的规律和居民意愿，制定更加精细化的社区微更新策略。第二，城市建设方式由大面积开发变为零星小空间的更新，更多关注微小空间的环境品质提升和改善，切实改变居民使用的社区空间的品质。第三，工作开展方式由闭门的纸上规划转变为开门的实际规划，搭建了规划部门、居民、设计师和搭建人员之间的多维度工作平台，充分挖掘和利用社会各方面的资源，积极引入社区设计师志愿者，为社区更新提供更多的创意想法，也为未来的社区规划师制度打下良好的时间基础，积累宝贵的经验。第四，公众参与的程度由很少参与转变为积极参与，在整个社区更新过程中，社区居民的参与积极性被很好地调动起来，纷纷为社区更新活动献言献策，以多种方式参与到社区更新的整个设计和实施过程中，真正成为社区更新的主导者，这样也为将来社区更新之后的管理运营维护打下了良好的群众基础。

到了“行走上海 2017”“行走上海 2018”时，活动不再局限于社区内部的更新，而是进一步走出社区，走向外部的城市公共空间，走向外部的城市街道，关注城市空间环境的痛点问题，影响范围更大、意义更深远。很多知名设计公司、高校师生和独立设计师都积极参与到其中，提供了很多优秀的设计方案和想法，带动了社区更新的热潮。大拆大建的城市更新方式并不适合城市中的历史文化风貌保护区，社区微更新可以更温和地对待既有城市环境，进行小而美的改造，微更新的成本不高，但为社区居民带来的却是切实的幸福感，体现了城市管理者的温度，居民们积极地参与到城市环境的构建和改善中，让城市更具活力。

### 2.3.3 城事设计节

城事设计节（NNN Urban Design Festival）始于 2017 年，由新媒体 Ass-Book 设计食堂发起，通过每年一届的“城事设计节”活动整合多方资源，将政府、设计团体、企业及社区居民连接起来，一起对社区公共空间进行更新。最初始于上海的愚园路历史文化风貌区，该活动对愚园路公共空间、店铺外立面、街道景观、街道设施等地进行了更新活动，后来又对上海新华路历史文化风貌区以及深圳福田区玉田社区等地区进行更新，影响范围越来越广泛，关注的城市更新热点问题越来越多，逐渐受到广大民众、专业设计师、政府以及各种媒体的关注（表 2-4）。

**表 2-4 城事设计节历年主题与更新区域**

| 时间 | 主题 | 更新区域 |
|---|---|---|
| 2017 年 | “城市更新中的新零售空间” | 上海愚园路风貌保护区 |
| 2018 年 | “城市更新中的新社区” | 上海新华路风貌保护区、深圳福田区玉田社区 |
| 2019 年 | “城市更新中的街区创生” | 上海和深圳等多个城市的街道和社区联动 |
| 2020 年 | “元气城市” | 关注市集、地下室、菜场、绿地、屋顶等空间 |
| 2022 年 | “活力社区” | 武汉光谷社区空间 |

2017 年的城事设计节以“城市更新中的新零售空间”为主题，选址上海具有丰富人文历史积淀的愚园路风貌保护区，聚焦沪西人文历史已逾百年的愚园路，这里曾经是很多重要历史人物的居住地，也有曾经空前繁荣的弄堂工厂，这里曾经发生过很多重要的故事。愚园路两侧有很多网红店铺，因此本次活动聚焦于城市更新中的新零售空间，倡导以设计实践联结社区、街道和艺术，为城市带来全新的能量和活力。以设计实践和主题论坛相结合的形式，共同探讨社区、街道、消费、场所等多元的现实问题以及对未来的规划和畅想，包括如何增进人与城市、人与人之间的理解和互动，加强公众参与，鼓励社会多方人士共同参与到社区更新中，培育城市与社区的公共性。活动还邀请《城市中国》杂志作为共建方，通过网络媒体扩大影响力，让活动受到社会各界的广泛关注。

2018 年的城事设计节将关注的城市进行了拓展，除了上海又新增了深圳，实现两城联动，促进思想的交流与碰撞，针对上海长宁区新华路和深圳福田区玉田社区的公共空间和社区空间进行更新。以“城市更新中的新社区”为主题，对中心城区的老旧社区进行更新，从方案设计、公众参与、运营管理、热点趋势等多个方面对社区更新的设计进行探讨，以展览展陈的方式，将相关的设计成果巡回展示，利用“设计路演”的方式，让设计师与社区居民进行面对面的沟通交流，使设计更接地气，受到社区居民的广泛支持和关注。

2019 年的城事设计节以“城市更新中的街区创生”为主题，除了上海和深圳，还在全国范围内选取数个项目设计实践地，实现多城联动，不断扩大社区更新的参与人群和影响范围，以人们所熟悉的“街区”为研究尺度进行社区更新设计实践。运用创新的设计思路，在城市的既有街区中开展“共创、共治、共营”的模式，传播设计力量，形成“城事设计大奖”“城事设计展”“城事设计论坛”“城事设计实践”4 大经典板块。邀请国际和国内的规划师、建筑师、设计师、社区营造学者等各方人士参与项目的设计和评审，同时，邀请世界各国的城市更新专家以论坛的形式与国内设计师分享城市更新的理念和经验。活动以设计创作实践、艺术氛围营造、共建和谐社区等形式为城市构建更美好的街区环境。

2020年的城事设计节以“元气城市”为主题，但因新冠疫情改为线上形式，以新的组织形式、新的设计思维以及新媒体传播的方式对城市更新中的空间营造问题进行探讨，进一步探索如何以设计实践、社区营造、艺术介入、国际论坛等方式让更多人参与到城市更新中，重点关注市集、地下室、菜场、绿地、屋顶等人们熟悉且经常使用的空间，希望通过这些微小的更新点燃周边的城市元气。

### 2.3.4 上海城市空间艺术季

上海城市空间艺术季始于2015年，由上海市规划和自然资源局、上海市文化和旅游局及当届主展所在区人民政府共同主办，以展览、线下活动、论坛等方式向人们宣传城市更新的理念和成果，传播与交流最新的设计思维。上海城市空间艺术季每两年举办一届，目前已经成功举办了2015年、2017年、2019年、2021年共4届，活动继承发扬“城市，让生活更美好”的世博精神，以“文化兴市，艺术建城”为理念，旨在给市民创造更美好的城市环境（表2-5）。

**表2-5 城市空间艺术季历年主题**

| 时间 | 主题 |
|---|---|
| 2015年 | “城市更新” |
| 2017年 | “连接：共享未来的公共空间” |
| 2019年 | “相遇” |
| 2021年 | “15分钟社区生活圈” |

2015年上海城市空间艺术季以打造具有“国际性、公众性、实践性”的城市空间艺术品牌活动为目标，将城市建设中的实践项目引入展览，从改善生活空间品质、提升城市魅力入手，选择与百姓生活密切相关的公共空间，如传统街区、工业遗产、市政设施、绿化广场、社区空间、大地艺术等，展示城市更新的设计方案和实施效果。活动历时3个月，刺激了黄浦江西岸的区域振兴和文化内核的形成。2017年第二届上海城市空间艺术季促进了黄浦江东岸民生码头的更新，对民生码头8万吨筒仓及周边环境

的改造对改善黄浦江滨江空间发挥了巨大的引领作用，让人们了解上海历史的同时，思考未来上海滨水空间以及城市公共空间的更新发展方向。

2019 年第三届上海城市空间艺术季的选址地位于杨浦滨江南段的起始区段，聚集了一系列曾经享誉沪上的工业遗存，包括 1882 年建成的天章造纸厂，1896 年建成的英商怡和纱厂旧址，1900 年建成的上海船厂、上海毛麻纺织联合公司等，城市更新将那段城市记忆重新展示在大众面前。上海城市空间艺术季借助艺术的力量，以点带面，每届拥有不同的主题，将上海的人文历史通过城市更新展现在大众面前，让市民通过实地感受和参观展览等方式感受上海的历史文化，感受时代的变迁，感受珍贵的城市记忆。

2021 年第四届上海城市空间艺术季以“15 分钟社区生活圈”为主题[1]，充分满足社区居民的生活需求，给社区居民创造了更多更好的交流场所和交流机会，旨在打造人性化城市、人文化气息、人情味生活，给人民提供更多公共空间和绿色空间，进一步强化街区和社区的力量，共同推进微更新、微治理，激活城市的“神经末梢”，完善了城市更新和管理的总体系。

### 2.3.5　非保护类里弄活化更新模式

上海近年的社区更新活动大多办在里弄街坊比较密集的老旧街区，里弄是上海这座城市的重要组成部分，是上海海派文化和中西文化交融的重要载体。里弄构成了上海一部分的城市形态，承载了这座城市的民生，体现了城市的文化特征，里弄也是上海原住民的“文化基因”。随着上海的城市化进程不断加快，里弄年久失修的状况与城市的发展格格不入，更新改造迫在眉睫。回顾过去，上海针对里弄的改造从 1978 年开始，起初是采用大修结合改善的方式来保留原有建筑风格。20 世纪 80 年代起，随着改革开放的进程，中国的国际交流增多，国外的成功经验引入国内，里弄的改造方式转变为建立在调查研究、分析、比较基础之上的街坊综合改造。

[1] “上海城市空间艺术季”官网 http：//www. susas. com. cn/。

20世纪90年代，旧区改造引入了商业化的发展途径，至此，里弄的更新已与社会文化、经济发展紧密联系起来，如何通过合理的更新策略来活化旧区价值，是我们需要研究的问题。时至今日，上海已有上百公顷的旧里弄完成了更新改造，探索了多种活化更新模式，其中较为典型的有商业开发模式的新天地和建业里、“居改非”的田子坊、文化传承的今潮8弄等，这些都为非保护类里弄街坊的活化更新提供了思路。

1. 拓展公共空间的活化更新模式

上海石库门里弄通常都是鱼骨状结构，也可称之为“丰”字结构，传统的里弄街巷中，公共活动并不是发生在主次弄上，而是在主次弄相交所形成的小广场或空地上形成活动空间。上海新天地是最早的里弄活化更新案例之一，它位于太平桥地区的西侧，毗邻淮海中路。新天地是以商业开发价值最大化为前提更新的，其用地性质不再是以居住为主体的里弄，而是一种集多功能为一体的商业集群，其活化更新的最大的特点是改变了以往里弄鱼骨状的街巷结构，通过拆除老旧建筑对里弄的公共空间进行再设计，在原有结构中增加多个公共广场空间，用一个个的小型广场串联整个里弄空间，使之便于开展各类户外的公共活动，成为适合“布景式”展示的上海生活缩影。这种纯粹商业模式的改造虽然得到了最大程度的经济利益，却忽略了原住民的公共利益，对于原有建筑风貌以及城市肌理造成了一定的破坏，大量的拆除行为导致城市历史文脉被割裂，新天地的里弄活化更新方式在其他项目中无法复制，上海的里弄活化更新在后续过程中也在不断探索其他的创新模式。

2. 拆除重建的活化更新模式

上海里弄的营造技艺已经成为非物质文化遗产，完全复原需要消耗大量的资金和时间成本，会面临各种复杂的技术问题，因此，很多商业开发项目采用了拆除重建的方式。里弄的物质空间可以拆迁，但里弄的档案、记忆和文化可以得到传承和保护[1]。建业里位于上海建国西路和岳阳路的交叉口西北角，由法商中建业地产公司于1929—1931年投资建成，属于典

[1] 张俊. 老城区旧里弄的文化功能转化与再造：以上海为例［J］. 上海城市管理，2016，25（4）：31-34。

型的新式石库门里弄住宅区。建业里是典型的由开发商主导的里弄街坊活化更新案例，采用两种方式进行更新，一种是修旧如旧，另一种是建新如旧。建业里将2/3的里弄建筑进行了拆除，原样重建，将其改造成为商业和酒店相结合的综合街区，建新如旧的方式使里弄街坊更新后能满足现代生活的需求[1]。在使用功能方面建业里“拆除重建”的更新方式虽然在一定程度上保留了原有里弄鱼骨状的街巷风格和整体里弄肌理，但是由于现代技术和材料的差异，新建的里弄建筑只是形似而神不似，这在很大程度上影响了里弄建筑的风貌，使其文化传承大打折扣。在倡导“低碳”的背景下，拆除重建也是一种有争议的活化更新方式，大规模的拆除重建无疑是对资源的一种浪费。纯商业开发的建业里更新虽然满足了现代生活的功能需求，但是其建新如旧的更新方式受到社会各界对于假古董的一些质疑，更新后的酒店和公寓对公众的开放程度不高，其文化传承的广度和效果都受到很大的限制。

3. 里弄“居改非”的活化更新模式

在目前城市可持续发展的大背景下，大拆大建的改造模式不被认可，适度的更新才是当下可取的方式，尽可能不采用动迁的方式实现里弄的功能置换，而是采用渐进的方式使新的城市功能渗透到原有的里弄街坊中，在原有的居住空间中融入商业功能，田子坊的活化更新就是一次很好的探索和尝试。田子坊原是20世纪50年代典型的弄堂工厂群，2005年被称为“上海最具影响力的十大创意产业聚集区”，2004年11月，从第一家居民里弄出租开始，田子坊的商业和文化产业规模逐渐扩大，形成了独特的历史风貌。田子坊是一种自下而上的更新模式，是由居民自发形成“居改非”的更新过程。在更新方法上采用情景化设计方法，很好地实现了传统里弄建筑和现代建筑的融合。有别于大拆大建模式，田子坊居民占主导地位的“自下而上”的运作模式给我们提供了许多有益的经验，这种更新方式能够使原住民与生活场所有所联系，而不是被隔离开。但是，居民自发推进的更新过程难免也会出现局部失控的局面，

[1] 张如翔．石库门里弄保护更新策略探讨：以上海市建业里改造设计为例［J］．中外建筑，2018（12）：99-101。

政府对田子坊中的业态、环境、招牌、建筑立面等要素的控制力偏弱，随着田子坊商业化程度的不断加大，商家随意改动建筑立面、侵占巷弄空间、破坏原有里弄风貌等问题比较突出。因此，需要在更新过程中注重对里弄原本风貌的保护，对各种业态的文化属性和创意性进行评估和适度管控。

4. 结合城市交通枢纽的活化更新模式

随着上海城市化进程不断加快，轨道交通路网也不断完善，将旧区改造和城市轨道交通相结合的商业开发模式也是里弄街坊活化更新的一种尝试。丰盛里的活化更新就是一个很好的案例，其将里弄街坊的居住功能转化为商业和文化功能，与城市轨道交通结合在一起，增加了街区的人气和活力，对城市风貌展示和人文历史传承起到了积极的推动作用。丰盛里位于南京西路历史文化风貌区内，活化更新前，这里面临着建筑长时间超负荷、破坏性使用的问题，里弄建筑严重破损。丰盛里具有特殊的地理位置，刚好位于轨道交通12号线的出入口上方，高峰期人流量大，为更新后的里弄街坊带来了活力。原有传统里弄的“丰”字结构无法承载轨道交通站的巨大人流量，因此，丰盛里采用拓宽纵横向肌理的方式来疏导人流，使这里符合新的城市空间使用需求。在整体建筑风格上采用建新如旧的方法，还原里弄街坊的历史风貌，增加广场空间以容纳更多的人流，提供户外活动场地以举办一些公共文化活动和娱乐活动。丰盛里的活化更新很好地处理了历史风貌与现代功能之间的置换与交融，不仅传承了里弄的历史风貌，还成了现代城市中的特色文化地标。

5. 结合文化展示的活化更新模式

随着城市居民物质生活水平的提高，人们对城市文化的精神追求也在不断提升，提升城市文化软实力迫在眉睫。里弄中蕴含着上海独有的地域文化，其承载了上海自开埠以来的发展历程，小小的里弄不仅是市民往日生活的回忆，更是这座城市历史文化的体现。虹口区在旧改的过程中打造了文化地标“今潮8弄”，为城市注入了新的活力，是将里弄功能置换为文化产业的又一尝试。今潮8弄中包含了8条弄堂、60幢石库门建筑和多幢优秀百年历史建筑，在尊重建筑、街区整体格局和风貌的基础上，“以用促保”地进行了创新性更新改造和持续利用，实现了从“拆、改、留”到“留、改、拆”的更新理念转变，在“留”的基础上做好“修”和“用”，让历史风貌保护、城市功能完善与空间环境品质提升有机结合。今潮8弄突破性地以艺术体验为切入点，打造出一个沉浸式艺术体验场，成为上海独特的文化商业地标，完善了城市功能，吸引无数文艺青年参观体验，很好地实现了改造初衷，带动周边经济活力的同时，也丰富了市民的文化生活，其成功的活化更新经验为里弄更新模式的探索提供了新的契机。

综上，非保护类里弄街坊活化更新模式的特点具有多样性（表2-6）。如果将原有的居住功能进行改变，那原住民就不得不搬离原有生活场所，如果商业开发过程中破坏了原有的历史文脉，则会让人产生文化割裂感；如果保留原有的居住功能，进行渐进式的更新，则必然会带来居住与商业混杂的管理问题。因此，非保护类里弄街坊的活化更新需要掌握适宜的开发程度和妥善的文脉传承方式，在带动周边社会经济发展的同时，更加注重文化氛围和风貌特色的塑造。

**表2-6　典型非保护类里弄街坊活化更新案例**

| 非保护类里弄 | 建成时间 | 更新时间 | 区位 | 更新后的空间特点 |
|---|---|---|---|---|
| 丰盛里 | 1931年 | 2017年 | 静安区 | 海派文化表演、特色餐厅及公共空间 |
| 建业里 | 1930年 | 2007年 | 徐汇区 | 酒店式公寓等商业业态 |
| 田子坊 | 1930年 | 2001年 | 黄浦区 | 餐饮、文化创意产业空间 |
| 今潮8弄 | 1930年 | 2021年 | 虹口区 | 艺术展览、文化表演、餐饮等业态 |
| 新天地 | 1926年 | 2001年 | 黄浦区 | 商业、文化、娱乐空间，城市地标 |
| 东西斯文里 | 1914年 | 2020年 | 静安区 | 红色革命文化纪念馆、步行跑道 |
| 尚贤坊 | 1924年 | 2020年 | 黄浦区 | 石库门国际酒店及公寓式办公楼 |
| 张园 | 1915年 | 2022年 | 静安区 | 珠宝、手表、自行车等展览空间 |
| 思南公馆 | 1920年 | 2014年 | 黄浦区 | 商业、酒店、住宅和办公为一体 |
| 渔阳里 | 1912年 | 2004年 | 黄浦区 | 纪念馆、文化展览 |

# 2.4 上海风貌保护区非保护类里弄活化更新现状与反思

## 2.4.1 街区民生基础设施有待改善

上海历史文化风貌保护区往往位于城市的中心位置，用地和各种资源都比较紧张，由于发展较早，很多公共基础设施都无法满足现代的城市生活需求，给街道活动和社区生活带来很多困扰和不舒适的体验，街区民生基础设施与人们的生活息息相关，其使用感受会直接影响到人们对整个城市的印象，因此，应切实改善上海历史文化风貌保护区面临的民生基础设施问题，这是非保护类里弄街坊活化更新要解决的最基本问题。同时，还应考虑到不同人群对街区基础设施不同的使用需求，上海历史文化风貌保护区具有悠久的历史，在活化更新过程中又会有很多新的时代元素加入，因此，活化更新所面对的使用人群非常多元，应该着重考虑老年人、时尚青年、小朋友、管理维护者等多方的需求，在突出创新性的同时平衡好多种使用人群的多种需求。

## 2.4.2 公共空间与社区空间品质有待提升

随着上海城市经济的快速发展，历史文化风貌保护区内的环境没改变，可社会在改变，居民的需求在进步，居民对现有的物质空间环境质量存在诸多不满，近年来兴起的城市更新活动可以有效解决居民对改善现有环境的迫切需求，对城市公共空间和社区空间的品质进行提升。

另外，在城市更新的背景下，可以将公共空间和里弄空间作为展示城市文化的物质载体，通过创新的文化展示设计，突显城市人文历史，充分利用传统社区空间人口居住密度大、日常交往密切等特点，形成城市文化与社区生活相融合的新时尚，增强城市居民的文化自信，延续城市精神，让城市的人文历史资源“活”起来。这对历史文化在城市中的传承与传播具有重要的实践意义，可以更好地提升历史文化风貌保护区内部公共空间和里弄空间的环境品质，提升人文精神内核，丰富城市公共空间的文化内涵。以公众参与为基础，微小社区空间和公共空间为改造对象的局部更新方式成为激发城市活力、提升建成城市公共空间品质的新方式[1]。

### 2.4.3 人文历史资源的利用有待加强

在大部分的上海历史文化风貌保护区城市更新过程中，人文历史资源往往没有得到应有的重视，更新设计仅是满足了基本的空间使用需求，人文方面经常被忽视，存在一些值得思考的问题：首先，设计形式单一，只对人文历史进行浅显的提取抽象，缺乏文化内涵，同时自成体系，缺乏与周边既有环境的联系，在文化背景的提炼及表达方面仍有待提高。其次，忽视对原有环境中历史痕迹的保护和利用，反而使用全新的设计语言，将原有的岁月和人文痕迹抹除，用现代的材料和手法设计一系列与原有人文背景毫不相关的内容，使其与城市的人文脉络割裂开来。最后，注重功能需求而忽视艺术性，目前很多风貌保护区内的城市更新缺乏有针对性的设计，尤其是缺乏对风貌区内部独特人文历史背景的分析和运用，使设计成果的认知度和接受度都比较低。

目前，上海正在全力进行打响城市“文化品牌”的建设活动，深度挖掘上海风貌保护区中丰富的人文历史资源，可以通过多样化的展示形式强化上海人文历史资源的辐射力和影响力，向大众讲好中国故事。城市更新不应盲目地追求变化，而应尊重历史印记和空间文化，把握好历史与现在的关系，形成持续的文化认知[2]。保护历史文化街区不单是保护建筑遗存，还要对周边的环境和人文要素进行综合考虑[3]，尤其要注重对历史文化和历史遗迹的传承和利用，从里弄外在的形态到内在的精髓都要考虑到，要将里弄文化与街区人文历史情境融合，将历史元素和现代艺术融

[1] 侯晓蕾．基于社区营造的城市公共空间微更新探讨［J］．风景园林，2019，26（6）：8-12。

[2] 何玉莲，章宏泽．环境图形设计在城市更新中的应用［J］．包装工程，2020，41（8）：246-252。

[3] 冯瑞霞，刘峻岩．历史文化街区的保护与开发策略［J］．河北建筑工程学院学报，2020，38（2）：46-48。

合，使城市公共空间和里弄空间可以成为风貌保护区中人文情怀的良好载体，给人们创造一个清晰的、富有情境感的、有文化内涵的街区环境。还可以运用现代设计手法重塑街区的人文历史情境，营造有温度、有文化底蕴、有活力的、有人文氛围的城市街区。注重非保护类里弄街坊活化更新设计对城市人文历史风貌的展示，文化的根源在不同形式的传统行业中得以体现，这也是我们在现代化发展过程中需要学到的方法[1]，里弄街区环境与城市中人的活动密切相关，可以用创新的设计手法将城市风貌保护区的人文历史精神通过里弄空间这个开放的载体展示给大众，强化人文历史的可读性，是一种极为高效、直接、持续的人文历史传承方式。

## 2.5　非保护类里弄活化更新的新视野

近几年，上海风貌保护区非保护类里弄街坊的活化更新活动已经遍地开花，受到各界人士的广泛关注，除了提升环境品质，其中的人文内涵正越来越受到重视。尤其是对于上海风貌保护区这样一个特殊的城市环境来说，人们的文化需求日益增长，优秀的非保护类里弄街坊活化更新实践在人文体验和文脉传承方面应该起到积极作用，将风貌保护区中的人文历史资源展示给大众。因此，在倡导城市文化特色保护与传承的今天，上海风貌保护区的非保护类里弄街坊活化更新应该具备良好的人文视野，为市民构建丰富的街区人文情境。

随着大众对城市历史人文资源保护与开发的关注度的提升，上海风貌保护区非保护类里弄街坊活化更新活动已经不单是提升公共环境或社区环境品质，而是上升为提升整个街区的文化氛围和塑造城市形象，上海风貌保护区非保护类里弄街坊活化更新可以最大限度地保护原有的城市风貌，设计者、使用者、管理者等多方互动，开展自下而上的更新活动，针对不同类型的城市空间进行创新性设计和改造，从细微处入手营造良好的城市人文环境，增强市民对城市的文化认知度和文化自豪感。

[1]　纪琭，马克·马尔塞涅．欧洲智慧城市家具设计孵化研究：以意大利智慧花园设计为例［J］．装饰，2019（7）：35-39。

上海风貌保护区非保护类里弄街坊活化更新要注重功能性和人文性的双重提升。首先，在人文内涵的合理体现方面，非保护类里弄街坊活化更新设计需要对当地的历史文化、民俗文化、地理文化等进行合理的体现，捕捉人文历史记忆通过里弄公共空间、基础设施或弄堂景观表现和传承人文历史。其次，在人文资源的有效利用方面，风貌保护区内非保护类里弄街坊的活化更新需要充分结合现有的人文资源，如历史遗迹、历史设施、历史人物和历史事件等，使风貌保护区的非保护类里弄街坊活化更新设计与街区的人文历史元素融为一体，以增强风貌保护区的文化气息，提升大众对城市人文历史资源的关注度和认知度。最后，在人文情境的多维构建方面，风貌保护区内非保护类里弄街坊活化更新需要考虑到大众对创新艺术的期望，可以借助具有创意的设计理念，充分利用新媒体、互联网 +、跨界融合等时代产物，使风貌保护区非保护类里弄街坊活化更新的内容和形式能够与里弄街区的整体活力相适应，给大众提供综合多种文化和艺术特质的空间体验。

# 第 3 章　上海风貌保护区里弄人文历史的认知与传承

# 3.1 上海风貌保护区里弄人文历史的特色与构成要素

## 3.1.1 上海风貌保护区的人文历史特色

上海市于2003年确定了中心城区12片历史文化风貌区，总面积27平方公里，包括：衡山路—复兴路历史文化风貌区、愚园路历史文化风貌区、新华路历史文化风貌区、山阴路历史文化风貌区、老城厢历史文化风貌区、外滩历史文化风貌区、人民广场历史文化风貌区、南京西路历史文化风貌区、江湾历史文化风貌区、提篮桥历史文化风貌区、龙华历史文化风貌区、虹桥路历史文化风貌区（表3-1）。

**表3-1　上海市中心城区12片历史文化风貌区**

| 分类 | 名称 | 特色 |
| --- | --- | --- |
| 以居住为主 | 衡山路—复兴路历史文化风貌区 | 曾为高档居住区，以风格多样的独立式花园别墅、新式里弄、公寓等为主，是上海花园别墅中法式建筑最集中和覆盖最广的区域，还有许多革命史迹和名人故居 |
| | 愚园路历史文化风貌区 | 曾为高档居住区，以风格多样的独立式花园别墅、新式里弄、公寓等为主，区域内还包括一些知名学府，环境优美 |
| | 新华路历史文化风貌区 | 曾为高档居住区，以风格多样的独立式花园别墅、新式里弄、公寓等为主，花园面积大 |
| | 山阴路历史文化风貌区 | 曾为高档居住区，以成片集中、质量较好的早期独立式花园洋房和新式里弄为主，革命史迹较为集中，拥有众多名人故居和纪念场所，历史人文氛围较为浓郁 |
| | 老城厢历史文化风貌区 | 以传统宅院、里弄住宅、宗教建筑、商业建筑、会馆公所为特色，街道较窄，蜿蜒曲折，尺度宜人，留存了上海700多年城市发展的历史轨迹 |

（续）

| 分类 | 名称 | 特色 |
| --- | --- | --- |
| 以公建为主 | 外滩历史文化风貌区 | 以公共建筑为主，尤其是金融贸易建筑，主要风格为欧洲新古典主义和折中主义，代表了独特的、中西合璧的建筑文化，有着优秀的近代建筑群和滨江绿化带 |
| | 人民广场历史文化风貌区 | 以人民广场为核心，环绕了大量的商业建筑、文化娱乐建筑，同时周边有成片的里弄街坊 |
| | 南京西路历史文化风貌区 | 以风格多样的公共建筑和居住建筑为主，包括展览、科研、宗教、文化娱乐等用途的建筑，造型优美匀称，还包括一些著名设计师作品和名人故居 |
| 以工业为主 | 江湾历史文化风貌区 | 是“大上海都市计划”确定的市政中心，历史建筑布局分散，以原市政府大厦、体育场、市立博物馆、市立图书馆等建设于民国时期的、古典与现代混合式样的公共建筑为特色 |
| 以特殊功能为主 | 提篮桥历史文化风貌区 | 以寺庙、监狱建筑为主要特色，风貌区北侧是上海监狱（又名提篮桥监狱），风貌区南侧是第二次世界大战前后大批犹太人集中居住的花园住宅和新式里弄，另外还有一些富有特色的宗教建筑 |
| | 龙华历史文化风貌区 | 拥有上海现存最完整的寺庙建筑群，北部以革命史迹和爱国教育基地为核心，南部以佛教、民俗文化和旅游景点为特色，龙华寺是上海规模最大、历史最悠久的古刹之一，西部是龙华烈士陵园 |
| | 虹桥路历史文化风貌区 | 以乡村别墅为主，具有良好的自然生态环境，有西郊宾馆、虹桥迎宾馆和上海动物园三块大片绿地，具有特殊的文化沿袭，是城市里的世外桃源 |

具有历史沿革的城市风貌保护区是历史文化不断变化和有机生长的产物，人们通过生活感受着城市的历史脉络，同时在城市中不断地延续和发扬这种文化。上海的历史文化风貌保护区在历史长河的变迁中形成了很多优秀的文化传承，具有良好的历史文化背景，应该使这些宝贵的历史文化与城市环境进行碰撞和交融。历史上的城市不是只由物质元素组成的，城市的历史更是人类的历史。尊重和继承历史文化的城市风貌保护区可以引起人们的共鸣，唤起人们对过去的回忆，让人们产生文化认同感和文化自豪感。

### 3.1.2 上海风貌保护区里弄的物质空间特色与构成要素

上海风貌保护区的人文历史资源丰富、异彩纷呈，包含了许多特定时期、特定场景下的历史记忆和文化，可以按照物质空间特色和非物质特色对其进行具体分类。其中，物质空间特色主要指风貌保护区内部的历史建筑物、构筑物以及历史街区，它们是构成人们感知城市空间文化性的重要物质环境。

1. *历史建筑物*

历史建筑物具有优良的耐久性，历经岁月变迁依旧可以保存完好，是城市人文历史特色的重要组成部分。上海市中心城区的12片风貌保护区内拥有大量的历史保护建筑，上海市政府已经对历史建筑的保护等级进行划分并出台了相应的保护政策，对城市人文历史特色的保护和延续起到了非常积极的作用。上海风貌保护区的建筑分为保护类建筑和非保护类建筑，其中，保护类建筑又细分为文物保护单位和优秀历史建筑。目前上海已公布238处文物保护单位。优秀历史建筑是指具有一定历史价值，对地方历史、文化环境和城市风貌构成起到重要作用的历史建筑，目前上海有1058处。另外，上海风貌保护区内还有大量的里弄建筑，作为一个特定时期上海居民居住空间的主要类型，这里除了有石库门建筑文化遗产，还有许多无形的文化遗产[1]。目前，上海风貌保护区内拥有众多的红色名人故居，这些历史保护建筑构成了上海风貌保护区内部独特的人文风景线，也成为城市人文特色的重要物质载体。

2. *历史街区*

历史街区承载了人们对城市的空间记忆，在上海风貌保护区中，街道以及两侧的历史建筑、梧桐树共同构成了人们街道生活的主要空间。鳞次栉比的弄堂、石库门，疏密有序的街巷都能给人带来丰富的空间感受，这种空间的记忆是人们感知城市人文历史的重要方式，正是这样的历史街区承载了这个城市的历史文化。

[1] 徐赣丽．当代城市空间的混杂性：以上海田子坊为例［J］．华东师范大学学报（哲学社会科学版），2019，51（2）：117-127。

3. 历史构筑物或设施

上海的城市发展史中，有过很多特殊的历史时期，留下了一些重要的历史构筑物或设施，它们的存在向人们无声地讲述着那段过往的历史，例如弄堂工厂的生产设备、上海黄浦江沿线遗留下来的众多工业和航运设施等。这些都凝聚着那个时期人们的智慧和汗水，记录着这座城市曾经发生的故事，都是宝贵的城市记忆，它们的存在正默默地向今天的人们传达着那个时代的精神，唤醒起一代人的情感记忆。

### 3.1.3 上海风貌保护区里弄的非物质特色与构成要素

上海风貌保护区是城市人文历史资源相对集中的区域，非物质特色主要指风貌保护区中延续下来的宝贵的非物质文化遗产，包括民俗、生活方式、历史人物及其事迹、传统艺术、特色行业等，这些人文历史特色是城市文化的精髓，也是上海风貌保护区文化灵魂的重要组成部分，这些宝贵的人文历史资源给上海风貌保护区的里弄环境注入了精神内涵。

1. 民俗和生活方式

不同的社会结构和民族信仰会产生不同的民俗和生活方式，这是城市非物质特色的重要组成部分，是城市文化的活化石。上海是一个具有深厚历史文化基础与民俗文化传统的城市，相关活动有节庆娱乐、季节庙会、街区生活等，上海风貌保护区里弄街坊中拥有丰富的民俗传统和多元化的生活方式，即使居民陆续搬出老城区，也会对这里的生活念念不忘，这是城市流传下来的非物质文化记忆，异彩纷呈且独具魅力。

2. 历史人物和事迹

曾在上海风貌保护区里弄街坊内居住过的重要历史人物以及他们的相关事迹赋予了城市物质环境内在的文化灵魂，使原本固化的里弄建筑和弄堂变得鲜活、生动起来，他们的故事和事迹代代相传，形成了独特的历史文化内涵。例如，上海是中国共产党的诞生地，这里曾经发生过很多重要的历史事件，是很多共产党党员曾经战斗过的地方，曾召开了中共一大、中共二大、中共四大等党的重要会议，中共中央政治局机关旧址、中共中央军委机关旧址、中共中央秘书处机关旧址、中共中央文库遗址等重要机关旧址都在这里，它们都是这个城市宝贵的文化遗产。

3. 传统艺术

上海有着丰富的传统艺术文化遗产，如海派绘画、书法、舞蹈、戏曲、雕刻、地方方言和特色手工艺等，体现了上海城市文化的深厚底蕴，其中大部分发源于上海历史文化风貌保护区里弄街坊的居民区中，是城市宝贵的历史财富和市民的永恒记忆。传统艺术以其淳厚的艺术内涵和悠远的历史深受人们的喜爱，同时，也非常需要人们将它们不断传承下去。

4. 特色行业

不同的时代背景和城市环境造就了不同的行业，行业是一个时代技术、社会结构的重要体现要素，代表着一个时代的记忆。例如，城市中原来的票号和当铺现在已经被各大银行所取代，原来的手工业小作坊和弄堂工厂也被现在的大型现代化工厂所取代。时代的变迁给城市留下了许多烙印，上海风貌保护区里弄街坊集中了上海发展史上很多重要的特色行业。例如，传统的餐饮老字号因其特色的经营方式和良好的口碑仍流传至今，有的还在新的时代焕发出崭新的活力，是重要的非物质文化遗产，还成了城市的文化名片。

## 3.2 上海风貌保护区里弄人文历史的记忆与认知

### 3.2.1 人文历史的记忆与认知

《辞海》中对于“记忆”的定义是：人脑对经验过的事物识记、保持、再现的过程。这是人类的一种高级心理活动，记忆使人能够在生活中进行回忆和再次认知，是人在感知过程中对客观世界的反映。因此，城市的人文历史记忆具有社会属性，是全体居民的记忆共同体，带有强烈的本土化特征，这种记忆与人们曾经共同生活的场景、经历的事情和感受息息相关，是一种抽象的主观意识，是某个地区常住居民在生产生活中所留下的特殊情感，是延续城市人文历史精髓的载体。

随着社会的不断进步，人们对生活环境的需求已经不再是满足简单的居住和生存即可，还需要在社交、价值、文化认同等方面获得精神满足。里弄街坊活化更新针对的设计对象都是城市中与居民生活息息相关的空间，在更新中加入人文历史的精神内涵，可以从基层向人们传播城市文化内涵，使里弄成为整个城市文化的缩影，增强环境互动性可以提高居民的参与积极性、扩大参与范围，以此来寄托居民的历史记忆和人文情感。本节将利用调查问卷对上海风貌保护区里弄街坊的人文历史特色进行调研，进而构建居民记忆与认知的模型，为后续构建城市人文历史展示体系打下基础。

### 3.2.2 人文历史记忆与认知的特征

人们对里弄街坊人文历史的记忆与认知是在生产、生活以及各种活动和事件中逐渐形成并不断深化的，同时随着时间的推移而不断延续，其主要具有以下特征。

1. 记忆与认知的连续性

城市的发展是不断向前推进的，里弄街坊人文历史的发展脉络具有连续性，不同时期的人文历史特色也存在时间和空间上的关联，因此，人们对里弄街坊人文历史的记忆与认知也是具有连续性的。在上海风貌保护区里弄街坊活化更新的过程中要充分考虑到记忆与认知的连续性特征，合理组织展示内容和展示形式。

2. 记忆与认知的地域性

人们对城市人文历史的记忆与认知具有明显的地域性，与人们所处城市的气候、文化背景、居住人群等都有着不可分割的关系，不同地域的城市文化受到不同的自然、人文等因素的影响，必然具有不同的地域特征，也就是城市特殊的文脉和记忆。在传承里弄街坊人文历史的过程中，要充分考虑地域差别，保护和延续居民的记忆与认知点，延续城市文脉。

3. 记忆与认知的场所性

场所是人们对城市人文历史进行记忆和认知的物质空间载体，特定的场所可以唤起人们特定的情感记忆，场所空间记忆对城市文脉的传承具有重要意义。里弄街坊活化更新可以利用场景共鸣和场景再现等手法激发人们对特定场景的记忆和认知，以增强展示效果，唤醒人们对以往里弄街坊人文历史的记忆点，在新的社会和城市背景下，重新认知和理解里弄文化，使上海风貌保护区里弄街坊的人文历史资源能够在新的时代背景下得到延续和发扬。

### 3.2.3 人文历史记忆与认知的调研和测评

为了更好地掌握里弄居民对人文历史的记忆和认知情况，课题组进行了问卷调查，访问对象主要为长期居住在上海风貌保护区里弄街坊内的居民，共发放问卷230份，回收222份。其中，在性别分布方面，男性被访者占比54.95%，女性被访者占比45.05%；在年龄分布方面，青少年人群（18岁以下）占比17.12%，青年人群（18~35岁）占比37.39%，中年人群（36~55岁）占比24.32%，老年人群（55岁以上）占比21.17%；在学历分布方面，硕士及以上占比12.16%，大专、本科占比30.63%，高中、中专、技校占比40.54%，初中及以下占比16.67%，尽量做到参与调查的人员在性别、年龄和学历方面的比例相对均衡（图3-1）。

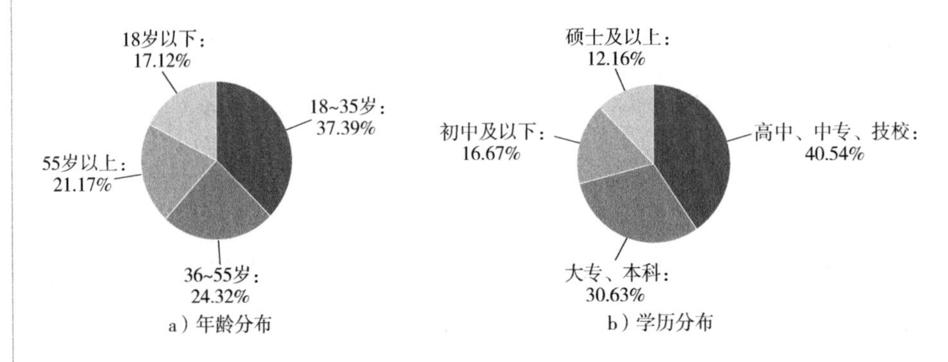


图3-1 问卷调查人群的年龄与学历分布

调查问卷针对大众关于上海风貌保护区里弄街坊的人文历史的认知程度和途径进行了详细调研，主要包括以下方面。

首先，在大众对上海风貌保护区的印象和满意度方面，调查问卷分别列出了上海中心城区12片风貌区，从调查结果来看，给大众留下印象最多的风貌保护区为衡山路—复兴路历史文化风貌区、老城厢历史文化风貌区和新华路历史文化风貌区，给人印象相对较少的风貌保护区为虹桥路历史文化风貌区、江湾历史文化风貌区和提篮桥历史文化风貌区（图3-2），通过对比发现，风貌保护区内人文历史资源的丰富程度基本与大众的印象程度成正比关系，可见，上海风貌保护区内的人文历史资源的保护与传承对人们认知城市文化起到了很重要的作用。另外，被调查者对上海历史文化风貌区保护与更新建设现状的满意度为：40.09%的人表示比较满意，24.77%的人表示非常满意，一般、不满意和非常不满意的占比较低，分别为14.42%、12.16%和8.56%（图3-3），总体来看，被调查者对上海历史风貌保护区保护与更新建设现状的满意度还是比较高的。尤其是衡山路—复兴路历史文化风貌区、老城厢历史文化风貌区和新华路历史文化风貌区，至今仍保留着大量的属于上海的独特城市记忆，给人们留下了较深的印象，因此也具有较高的城市文化认可度。

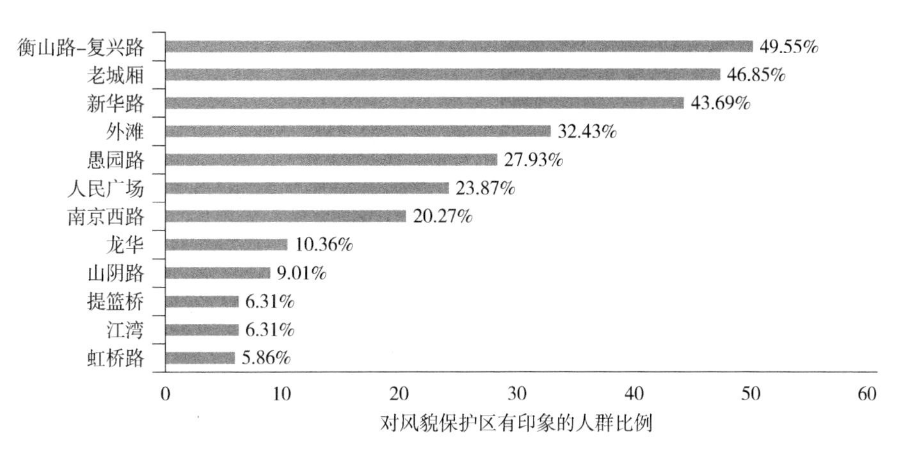


图3-2 上海风貌区印象程度调研

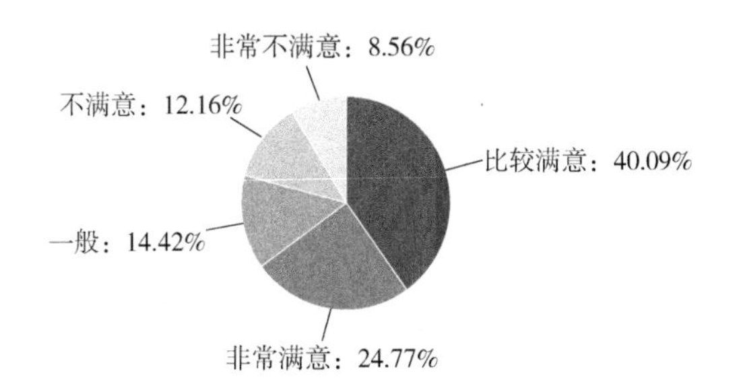


图3-3 上海风貌区满意度调研

其次，在上海风貌保护区里弄街坊的大众记忆元素及其作用、方式方面，主要挑选了八个类型的记忆元素，要求被调查者根据自身的真实意愿给每一个记忆元素进行记忆度评分，分为“1、2、3、4、5”五个档次，分别对应1、2、3、4、5分。结果显示，人们普遍关注的记忆元素为社区空间及活动、名人事迹和故居、传统习俗与生活习惯这三个方面（表3-2）。这些记忆元素是人们对上海风貌保护区里弄街坊人文历史记忆的体现。因此，里弄活化更新应适当考虑对人们重点关注的历史记忆元素进行展示和保留。另外，课题组还用同样的方法对保留大众记忆元素的作用和实施方式进行了调研，被调查者针对四个作用和六种方式进行了评分（表3-3、表3-4）。

**表3-2　记忆元素与记忆度评分**

| 记忆元素 | 各记忆档次人数 | | | | | 平均分 |
|---|---|---|---|---|---|---|
| | 1 | 2 | 3 | 4 | 5 | |
| 社区空间及活动 | 14 | 21 | 42 | 69 | 76 | 3.77 |
| 街巷空间及活动 | 15 | 17 | 44 | 93 | 53 | 3.68 |
| 传统建筑风格与特色 | 15 | 21 | 56 | 63 | 67 | 3.66 |
| 传统习俗与生活习惯 | 18 | 13 | 48 | 82 | 61 | 3.70 |
| 传统劳动、经营方式 | 10 | 22 | 64 | 60 | 66 | 3.68 |
| 名人事迹和故居 | 14 | 22 | 44 | 77 | 65 | 3.71 |
| 发生过的重要历史事件 | 21 | 13 | 46 | 83 | 59 | 3.66 |
| 地标性建筑或空间 | 18 | 17 | 63 | 66 | 58 | 3.58 |

**表3-3　保留大众记忆的作用评分**

| 作用 | 各档次人数 | | | | | 平均分 |
|---|---|---|---|---|---|---|
| | 1 | 2 | 3 | 4 | 5 | |
| 延续历史文脉 | 12 | 19 | 51 | 61 | 79 | 3.79 |
| 加强区域特色 | 17 | 8 | 55 | 80 | 62 | 3.73 |
| 增强文化认同 | 11 | 20 | 43 | 62 | 86 | 3.86 |
| 激活社区空间 | 13 | 17 | 39 | 81 | 72 | 3.82 |

**表 3-4　保留大众记忆的方式评分**

| 方式 | 各档次人数 | | | | | 平均分 |
|---|---|---|---|---|---|---|
| | 1 | 2 | 3 | 4 | 5 | |
| 保护历史建筑和社区空间 | 14 | 13 | 44 | 63 | 88 | 3.89 |
| 设立主题展馆 | 19 | 5 | 45 | 86 | 67 | 3.80 |
| 对现有里弄建筑和城市空间进行更新 | 10 | 13 | 50 | 76 | 73 | 3.85 |
| 结合社区空间进行文化展示 | 9 | 17 | 46 | 71 | 79 | 3.87 |
| 保留提升传统文化 | 14 | 12 | 49 | 74 | 73 | 3.81 |
| 改造当地经营业态 | 10 | 15 | 47 | 72 | 78 | 3.87 |

被调查者普遍认可保留大众记忆可以激活社区空间和增强文化认同，同时，延续历史文脉和加强区域特色也是较为重要的。表 3-3 和表 3-4 中所列的既是保留大众记忆的作用，又是活化更新的目的，它们不仅是并列的，还是层层递进、相辅相成的。没有文化认同和区域特色，就无法激活社区空间和延续历史文脉。由此可见，体现文化认同和区域特色是保留文化记忆的前提。至于保留大众记忆的方式，被调查者认为，保护历史建筑和社区空间、结合社区空间进行文化展示以及改造当地的经营业态是比较有效的三种方式。因此，上海风貌保护区里弄活化更新要以城市的物质环境为背景，对城市的人文历史资源进行有效的保护、利用和展示，进而加深人们对当地文化的认同，延续大众的文化记忆。

最后，在大众对上海风貌保护区里弄活化更新的需求方面，课题组将上海风貌保护区里弄街坊的主要记忆元素归纳为八种类型，分析调查结果发现，大众普遍对传统建筑风格与特色、街巷空间及活动、传统习俗与生活习惯的印象较为深刻，而对历史事件和地标性建筑或空间的印象偏浅（图 3-4）。建筑风格、街巷空间与人们日常生活的联系最为直接、密切，传统生活习俗是一个地区的人们长期生活所保留下来的传统，这些与日常生活息息相关的元素都给人们留下了深刻的记忆，在里弄活化更新过程中需要重点关注。而在对上海风貌保护区里弄活化更新的满意度方面，有超过一半的被调查者认为里弄活化更新后与原有环境不够协调，仍有较大的改进空间（图 3-5）。通过走访调查，课题组发现满意度低的主要原因是，

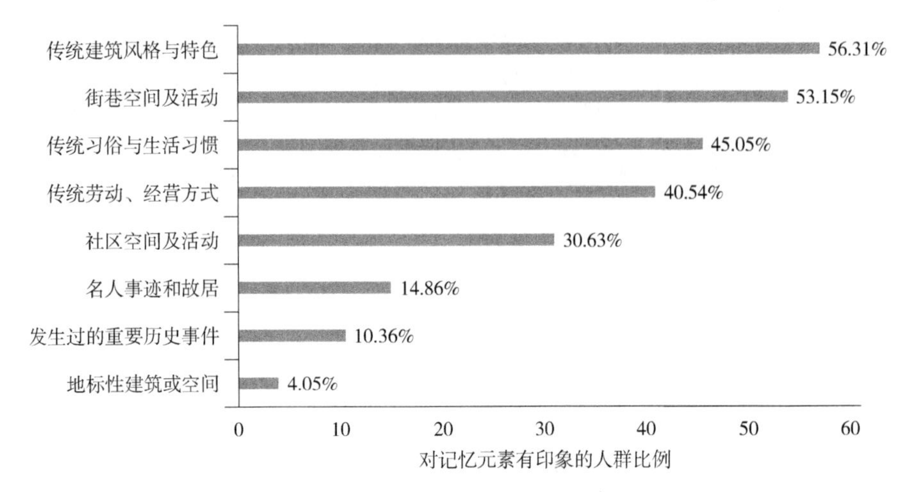


图 3-4　上海风貌保护区里弄记忆元素印象调查

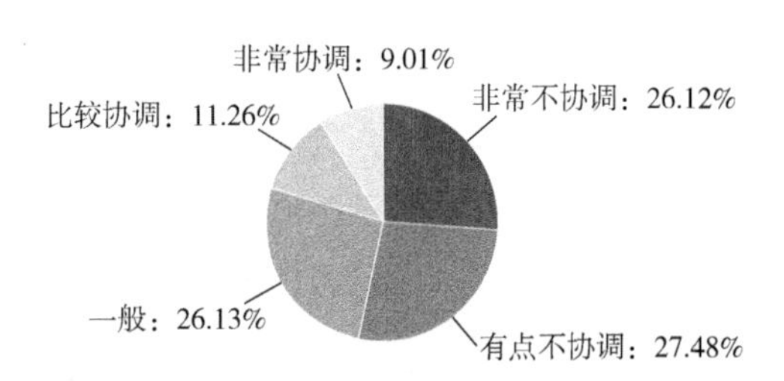


图 3-5　更新后与原有环境相协调的满意度调查

虽然目前上海对风貌保护区进行了大量的里弄更新改造，但仍存在许多问题，例如停车位不足、无障碍设施少、缺少活动空间等，同时空间环境的提升也无法与人们的经典记忆相融合。解决这些问题并对城市记忆元素和环境空间元素进行重塑和改良，以满足人们的生活需求和精神需求是势在必行的。另外，通过调研发现，人们普遍对于时常举行活动的街头文化广场、特色网红商店和舒适的慢行环境较为感兴趣（图 3-6），因此，在上海风貌保护区里弄活化更新中增设新的文化体验空间，附加新的潮流元素，契合当地的文化要素以满足人们的精神需求不失为一种可行的办法。在里弄街坊活化更新增设空间意愿方面，有 26. 58% 的被调查者希望提升恢复原有业态，24. 32% 希望增加绿化面积，公共活动空间和无障碍以及适老化改造的需求较少（图 3-7）。由于此次被调查者中，55 周岁以上的人群只占到 21. 17%，所以结果上需要无障碍设施的人数占比也较低。上海风貌保护区可以充分利用景观绿化、文化设施和公共活动空间进行里弄人文历史的展示，使物质空间品质的提升与人们的精神需求能够更好地融合。

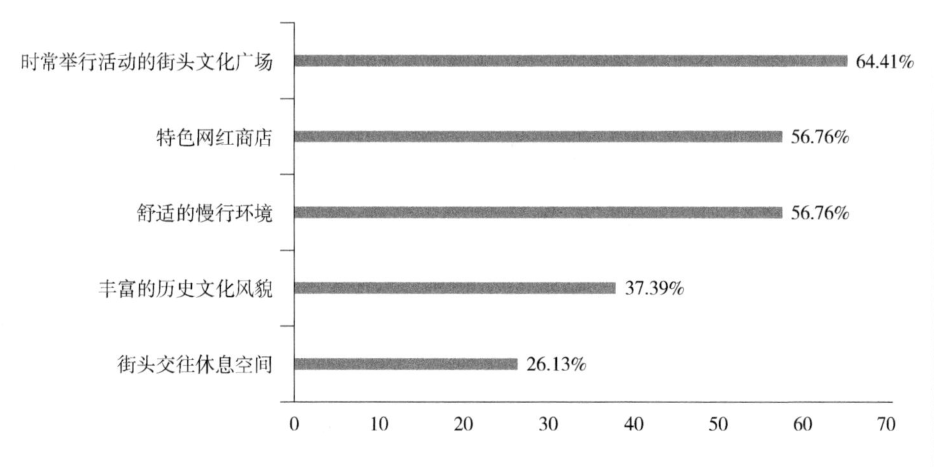


图 3-6　大众喜爱的里弄更新空间元素调研

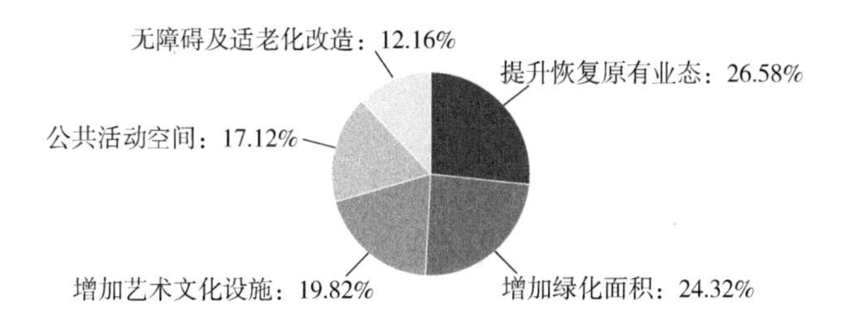


图 3-7　更新增设空间意愿调研

调查结果显示，与居民休闲生活相关的空间都较受人们的关注，因此，如何将城市记忆与当地居民的生活休闲行为联系在一起，在保留城市记忆的同时改善场所的功能体验，是上海风貌保护区里弄街坊活化更新中需要关注的问题。可以调查里弄居民对上海风貌保护区里弄活化更新现状的满意度及环境记忆点，将人文历史记忆与认知情况进行归纳、总结、分析，将公众需求放到核心地位，再通过打分的方式对现状要素进行测评，得出现状要素的记忆度，进而考虑保护传承上海风貌保护区里弄人文历史记忆的方式。同时要探索城市人文历史新的时代内涵，用创新的艺术表现形式，引导人们认知历史，延续文化血脉，为后续研究奠定基础。

# 3.3 上海风貌保护区里弄人文历史的展示与传承

## 3.3.1 里弄活化更新与传承的文化效力

展示里弄人文历史可以强化人们的城市记忆，延续城市历史文脉，进而塑造具有地域特色的城市文化品牌形象，对城市物质空间和精神文化建设都能起到积极的作用。

1. 延续城市历史文脉

城市居民对里弄人文历史的记忆是历史与现在的沟通桥梁，可以增强居民对城市文化的认同感和归属感，因此，需要展示里弄人文历史，以此来强化人们的城市记忆，从而更好地延续城市历史文脉。要将城市的人文历史转化为人们愿意接受的方式，使其在新的时代背景下被大众重新审视和认知，长久地延续下去。

2. 塑造城市风貌特色

不同的城市区域存在发展过程和文化脉络上的差异，因时间、空间和发展契机的差异而产生不同的人文历史特色，大众对城市中每个片区的文化记忆也是不同的，在里弄活化更新中展示城市人文历史可以帮助人们对城市不同区域里弄风貌的发展过程和特色有更加全面和细致的认知，借助城市更新的契机，塑造具有区域风貌特色的全新城市空间。

3. 增强城市文化认同感

城市文化认同是一种群体文化认同，源于共同生活、共同劳动、共同实践而产生的共同的记忆，是个体受到群体的文化影响而形成的。里弄活化更新展示的人文历史可以加深居民的共同记忆，促使城市中的居民对所居住地区的城市文化和城市精神有强烈的认同感。

4. 激发城市文化活力

位于上海中心城区的风貌保护区有很多老旧的里弄区域，很多居民因为无法满足基本的生活需求而搬走，导致城市活力欠缺。对历史文化风貌保护区的里弄街坊人文历史进行展示，可以重新激发居民的城市文化记忆，用小而精的方式改善风貌保护区的城市面貌，从而增强区域文化活力，提升居民的幸福感和文化自信。

### 3.3.2 里弄人文历史记忆促进城市文脉传承

城市的文脉传承是在漫长的时间里，城市孕育出的文化特色的延续和发展，既包含对城市历史文化的总结和反思，又包含新的社会背景下对城市文化的再解读和再创造，代表着一座城市未来的文化发展方向。因此，文脉传承是一个动态的过程，记录的是城市文化的昨天、今天和明天。在上海风貌保护区非保护类里弄街坊这样一个特殊的城市环境里，可以通过巧妙的展示方式促进人文历史记忆的延续，从而促进城市文脉的传承。

上海具有独特的文化属性，是古典与现代的结合，体现了上海这座城市典雅与时尚共存的独特风格。上海里弄的人文历史融合了开埠后世界各地移民带来的不同文化，涵盖了中国传统文化和西方的新思潮，形成了极具特质的地区性文化现象，其中既包含了繁荣的商业文化，又包含了丰富的市民文化，涉及文学、绘画、建筑、居家、音乐、戏曲、饮食、时尚等诸多领域，是一种综合性的文化形态，体现了上海“海纳百川、兼收并蓄”的城市性格。上海的城市文脉传承一直受到各界的关注，尤其是在倡导打响“城市文化品牌”的当下，上海市特有的区域性里弄文化更是受到大家的关注。以往的研究主要集中在文学作品、戏曲作品和名人故事等方面，这次主要探讨在城市更新过程中如何以非保护类里弄街坊的活化更新为展示舞台，传承和发展上海文化，使城市中的公共空间、特色建筑、人文活动等都成为城市人文历史的物质载体和传播途径，在当下的文旅结合的社会背景下，让更多的人了解上海文化、感知上海文化并参与到上海文化的传播过程中，创造多元化的上海文化传承途径。

### 3.3.3 里弄活化更新助力城市文化品牌构建

上海城市文化品牌具有丰富的内涵，代表了上海城市发展的深厚积淀，是城市宝贵的文化财富。《全力打响“上海文化”品牌加快建成国际文化大都市三年行动计划（2018—2020年）》中指出，要用好用足资源禀赋优势，大力弘扬优秀传统文化。通过非保护类里弄街坊的活化更新构建创新的多元文化展示平台，延伸文化展示渠道，创新文化展示方式，优化文化展示体验，可以更好地保护传承城市遗产，以里弄文化精品街区的形式，促成展示海派文化的多元途径，提升“海派文化”品牌形象。

上海自开埠以来已有 180 年的发展历史，期间经历了三次重大转型，在城市中留下了清晰的城市印记，有中西文化交融的租界花园洋房，充满烟火气息的里弄住宅，充满时代意义的工业遗址，华丽壮观的外滩万国建筑博览群，这些都是城市宝贵的财富，是上海文化在城市中的缩影。通过非保护类里弄街坊活化更新活动对上海传统街区进行适度改造，可以构建形象鲜明的城市公共空间，以城市历史文化环境为基础，融入现代的新媒体和商业模式，在讲好历史故事的同时也加强对时尚创新文化的宣传，体现上海文化多元并存、兼收并蓄、引领风尚的内在特质，使城市的物质环境与内在精神实现高度统一。用风貌保护区地标性的街区诠释上海文化的精髓，使人们通过这些典型的城市名片感知城市的历史传奇和内在灵魂。

近年来，上海城市中心地区着力改善存量空间的环境品质，上海文化如何在里弄活化更新过程中得到传承和发展成为人们关注的焦点，尤其是具有重要历史意义的里弄街坊或空间，其在活化更新过程中如何以新的形式来面对大众并激发大众对城市文化的认同感是非常关键的问题。非保护类里弄街坊活化更新应将上海风貌保护区的文化精髓植入其中，发挥地标性街区公众参与多、传播范围广的优势，将主题旅游、展览活动、文化交流等活动融入其中，挖掘上海人文历史展示和里弄活化更新协同发展的新契机。

# 第 4 章　非保护类里弄活化更新的系统构成与评价

上海里弄是上海城市文明的产物，是展现上海城市风貌的复杂空间，它承载着居民的日常生活、城市物质文明乃至社会经济联动等多重意义，是以小见大的复合场所。因此，上海历史文化风貌保护区的非保护类里弄街坊活化更新是展示城市风貌、构建城市文化品牌、提升城市软实力的重要部分。本节对上海历史文化风貌保护区的非保护类里弄街坊活化更新的案例和资料进行了详细的调研分析，对非保护类里弄街坊活化更新的评价体系的构成要素进行剖析，提取出了活化更新设计的影响因子，包括空间格局、建筑特征、巷弄空间、景观绿化 4 个方面。

通过调研现状、统计和分析资料，在坚持历史文化传承、以人为本、定性指标与定量指标相结合、客观指标与主观指标相结合、广泛性适用、层次性等设计原则的基础上，确定非保护类里弄街坊活化更新设计评价指标集，评价指标集包括目标层（非保护类里弄街坊活化更新设计评价体系）、系统层（空间格局系统、建筑特征系统、巷弄空间系统、景观绿化系统）、微系统层以及指标层。最终，以层次分析法为基础，通过专家打分法确定各要素的权重集，建立全面、客观的上海风貌保护区非保护类里弄街坊活化更新设计等级评价集，制定非保护类里弄街坊活化更新设计评价体系，指导上海风貌保护区非保护类里弄街坊活化更新设计与建设。

## 4.1 非保护类里弄活化更新的评价方法

### 4.1.1 评价指标选取原则

在上海历史文化风貌保护区非保护类里弄街坊的活化更新评价指标体系的确立过程中，主要以框架完整性、数据可量化、对象普适性和人本视角为原则进行研究。

1. 框架完整性原则

非保护类里弄街坊活化更新需要考虑的内容既全面又复杂，包括建筑体量、规划尺度、景观提升、公共设施、景观小品等，以空间格局、建筑特征、巷弄空间和景观绿化四个系统为框架构建目标体系，能够更好地满足非保护类里弄街坊活化更新的多样化需求。

2. 数据可量化原则

采用层次分析法等量化研究方法，使非保护类里弄街坊活化更新评价体系研究中的指标都是易于计算且能进行快速量化分析的，从而更好地确定科学合理的评价指标。

3. 对象普适性原则

为适应非保护类里弄街坊活化更新不断变化的复杂情况，运用动态的数据变化来模拟实际的更新情况，对不同模式的非保护类里弄街坊活化更新具有普遍的指导价值，对于其他城市类似的历史风貌街区更新具有设计指导价值，增强了评价体系的适用性。

4. 人本视角原则

确立非保护类里弄街坊活化更新的指标时，需要考虑以人为本的视角，以人的主观感受为主，分析人对城市更新建设的需求及更新后的使用情况，如基础设施的使用情况、交通道路是否便利以及新的环境建设情况等。

### 4.1.2 层次分析法（AHP）

层次分析法（Analytic hierarchy process）以下简称 AHP，是由美国运筹学方面专家萨蒂（Saaty）1970 年提出的一个定性与定量相结合、多层次决策权重分析研究方法，它能够帮助人们解决复杂的决策问题[1]，被广泛应用于各个学科，用来解决学科应用中的多属性决策问题。AHP 通常能够有效解决决策者的判断问题，由于其方法简单实用，被多学科的研究者广泛应用。AHP 的优势在于：提供有效的层次思维框架，便于梳理研究内容；定性指标与定量化数据相结合，提高评价体系的客观性；通过两两对比，选取不同标度来量化判断的结果[2]。缺点在于：如果评价体系构建得

[1] Dong Q X，Saaty T L. An analytic hierarchy process model of group consensus [J]. Journal of Systems Science and Systems Engineering，2014，23（3）：362-374。

[2] 吴殿廷，李东方. 层次分析法的不足及其改进的途径 [J]. 北京师范大学学报（自然科学版），2004（2）：264-268。

不合理，会影响评价指标的对比；评分专家的水平不同、研究方向不同，会导致结果主观性提高，影响量化数据的客观性。

### 4.1.3 模糊评价层次分析法

近年来，传统的层次分析法（AHP）不再能有效地处理愈发复杂的难题，也开始出现诸多不确定因素，因此需要决策者更灵活地把握分析尺度。扎德（Zadeh）在 1965 年提出了模糊集理论[1]，将层次分析法（AHP）和模糊集理论的结合，形成新的模糊评价层次分析法（Fuzzy AHP）。与层次分析法（AHP）相比，两者都是可以通过两两对比、判断矩阵排序来计算权重值，但模糊评价层次分析法（Fuzzy AHP）是建立模糊一致判断矩阵，主要还是基于优先权重和等级排序，改进了层次分析法（AHP）的研究方法，提高了数据决策的可靠性。模糊评价层次分析法（Fuzzy AHP）广泛应用于各学科，并且能够和多学科方法结合使用，成为解决决策问题的新技术，其最大的优点是能够处理多种复杂的利益冲突难题，使参与者能够使用简单优化的模型来解决复杂的问题。

## 4.2 非保护类里弄活化更新的评价体系构建

### 4.2.1 层次框架构建

目前，我国有很多学者都在利用层次分析法进行城市空间的评价研究，对于老旧城区里弄街坊的活化更新研究主要聚焦于设施、交通、社交空间等部分。刘涟涟、尉闻指出，步行性反映了一个地区建成环境的步行友好程度，步行性测量与评价的系统方法是改善地区步行环境品质的重要部分，可以作为一种评价方法与工具[2]。徐磊青、永昌通过参考资深专家和居民意见综合设计里弄更新改造住户满意度评价指标体系，基于层次分

[1] Zadeh L A. Fuzzy sets [J]. Information and Control, 1965, 8 (3): 338-353。

[2] 刘涟涟，尉闻．步行性评价方法与工具的国际经验 [J]. 国际城市规划，2018，33 (4): 103-110。

析法的模糊综合评价量化居民主观评价结果，运用德尔菲法（专家法）制定一套专家调查问卷，委托24位相关领域资深专家对初步构建的评价指标进行进一步筛选，最终确定了指标体系，其中包括历史建筑保护方向研究学者（教授、副教授）及历史建筑改造实践人士（建筑师、规划师）[1]。

此外，课题组对上海衍庆里、九福里、长余坊等里弄进行实地调研，发现非保护类里弄街坊均存在巷弄尺度狭隘、只有一个出入口、基础设施破败、缺少公共活动空间等问题（图4-1）。建筑改造过程中的原真性保护、建筑内部功能置换、里弄肌理保护、交通流线组织等方面也有很多值得研究的问题。课题组对文献资料和实地调研资料进行整理分析，结合相关领域专家学者的建议，最终构建了上海历史文化风貌保护区非保护类里弄街坊活化更新设计评价指标集，包括4个总目标层（一级指标）、8个评价子目标层（二级指标）、24个需求评价准则指标层（三级指标），形成上海历史文化风貌保护区非保护类里弄街坊活化更新评价指标体系框架。

图4-1　非保护类里弄街坊现状

## 4.2.2　评价指标集确立

根据前期分析最终确定了上海历史文化风貌保护区非保护类里弄街坊活化更新评价体系一级指标包括空间格局B1、建筑特征B2、巷弄空间B3和景观绿化B4；二级指标包括保留原有城市肌理C1、满足新的交

[1]　徐磊青，永昌．传统里弄保护性更新的住户满意度研究：以上海春阳里和承兴里试点为例［J］．建筑学报，2021，（S2）：137-143。

通和功能需求 C2、保持里弄建筑外立面的原真性 C3、活化更新里弄建筑内部空间 C4、保持里弄场所感 C5、适当更新巷弄空间 C6、增加基础设施 C7、优化景观环境 C8；三级指标包括巷弄肌理的原真性保护 D1、场地容积率尽量保持不变 D2、尽量保持里弄建筑原有贴线率 D3、保证交通顺畅 D4、拥有便捷的出入口 D5、适当增加开放空间串联主次弄 D6、最大化保留原有建筑立面特征 D7、适当保留里弄建筑原有结构体系 D8、适当增加与现有环境相和谐的新建筑 D9、调整内部空间格局以符合现有功能需求 D10、内部增设必要的交通空间 D11、注重建筑内部空间与外部特征的协调性 D12、合理安排室外公共活动空间 D13、提升巷弄空间的舒适度 D14、构建合理的巷弄空间尺度 D15、满足新的使用功能对巷弄空间的需求 D16、增强巷弄的空间丰富度和序列感 D17、适当加强巷弄空间的开敞性和公共性 D18、增设必要的休息和休闲设施 D19、设置系列化的多级导视系统 D20、注重夜景照明的氛围营造 D21、提升巷弄绿植覆盖率和多样性 D22、增设具有文化属性的公共艺术空间 D23、合理控制噪声并营造特色化声景 D24（表 4-1）。

**表 4-1　上非保护类里弄街坊活化更新评价指标体系构建**

| 总目标层 | 子目标指标层 | 需求评价准则指标层 | 指标说明 |
|---|---|---|---|
| 空间格局 B1 | 保留原有城市肌理 C1 | 巷弄肌理的原真性保护 D1 | 还原里弄街坊空间格局的原始面貌 |
| | | 场地容积率尽量保持不变 D2 | 基本保证原有容积率，控制商业开发强度 |
| | | 尽量保持里弄建筑原有贴线率 D3 | 在城市界面处理上尽量保持原貌 |
| | 满足新的交通和功能需求 C2 | 保证交通顺畅 D4 | 主次弄交通顺畅，贯通性不被活化更新的改变所影响 |
| | | 拥有便捷的出入口 D5 | 主次弄皆设置便捷出入口以满足新功能下的交通需求 |
| | | 适当增加开放空间串联主次弄 D6 | 增加交通多样性，满足新功能下的公共活动需求 |

（续）

| 总目标层 | 子目标指标层 | 需求评价准则指标层 | 指标说明 |
| --- | --- | --- | --- |
| 建筑特征 B2 | 保持里弄建筑外立面的原真性 C3 | 最大化保留原有建筑立面特征 D7 | 对原有里弄外立面、屋面等进行保留与修复 |
| | | 适当保留里弄建筑原有结构体系 D8 | 在原有基础结构不变的前提下更新升级结构 |
| | | 适当增加与现有环境相和谐的新建筑 D9 | 满足新的功能需求的情况下，对于建筑空间的新需求 |
| | 活化更新里弄建筑内部空间 C4 | 调整内部空间格局以符合现有功能需求 D10 | 在原有内部空间增设交通、卫生等现代生活必需空间 |
| | | 内部增设必要的交通空间 D11 | 保证内部交通流线顺畅，满足人流量需求 |
| | | 注重建筑内部空间与外部特征的协调性 D12 | 内部空间更新升级要注重与外部特色相匹配 |
| 巷弄空间 B3 | 保持里弄场所感 C5 | 合理安排室外公共活动空间 D13 | 按照里弄功能需合理分配公共空间 |
| | | 提升巷弄空间的舒适度 D14 | 通过升级巷弄空间增强人居舒适性，为开展空间活动提供保障 |
| | | 构建合理的巷弄空间尺度 D15 | 以人的感受为前提，改善公共空间的尺度体验和感受 |
| | 适当更新巷弄空间 C6 | 满足新的使用功能对巷弄空间的需求 D16 | 巷弄空间的设置与更新对标新的使用功能需求，追求多样化 |
| | | 增强巷弄的空间丰富度和序列感 D17 | 更注重人在巷弄空间里的多元化感受 |
| | | 适当加强巷弄空间的开敞性和公共性 D18 | 确保巷弄空间具有足够开敞的公共空间以满足新的使用需求 |

（续）

| 总目标层 | 子目标指标层 | 需求评价准则指标层 | 指标说明 |
|---|---|---|---|
| 景观绿化 B4 | 增加基础设施 C7 | 增设必要的休息和休闲设施 D19 | 投入相关休闲设施满足人的休憩需要，提升基础设施服务 |
| | | 设置系列化的多级导视系统 D20 | 系列化导视系统来丰富巷弄环境，提升环境质量 |
| | | 注重夜景照明的氛围营造 D21 | 提升夜晚行动的安全性以及美观性 |
| | 优化景观环境 C8 | 提升巷弄绿植覆盖率和多样性 D22 | 通过建设生态景观来提高环境质量 |
| | | 增设具有文化属性的公共艺术空间 D23 | 通过公共艺术来提高人们的生活趣味性 |
| | | 合理控制噪声并营造特色化声景 D24 | 监控里弄噪声，避免噪声污染影响空间质量 |

### 4.2.3 数据收集过程

在指标体系构建完成后，针对该评价指标体系设计相应的调查问卷，问卷形式为李克特量表（Likert scale）形式，每一个问题都由一组陈述组成，每组的评价指数分为五个档次，分别为：很重要、重要、一般、不重要、很不重要，分值依照重要程度从高到低依次从5~1排序，分别代表了专家对于此组陈述的需求程度的判断。调查问卷精准发放给20位对建筑、规划、景观、社会学等领域有研究经验的专家（图4-2），而后针对20位专家的样本数据进行AHP层次分析。

**上海风貌保护区非保护类里弄街坊活化更新评价指标体系专家意见征询表**

尊敬的专家：

您好！

感谢您在百忙之中阅读这份问卷！本研究关于"上海风貌保护区非保护类里弄街坊活化更新"，采用层次分析法，根据实地调研情况构建上海风貌保护区非保护类里弄街坊活化更新评价指标体系评价模型。前期通过调研分析得出上海中心城区非保护里弄的现状情况(见图1)。同时经过调查发现，20世纪90年代后到今日，旧区改造被引入了商业化的发展途径，至此里弄的更新已与商业发展紧密联系起来，如何通过合理的更新策略活化旧区价值，是我们需要研究的问题所在。请您对非保护类里弄更新指标的重要性进行判断打分，感谢您的支持和帮助！

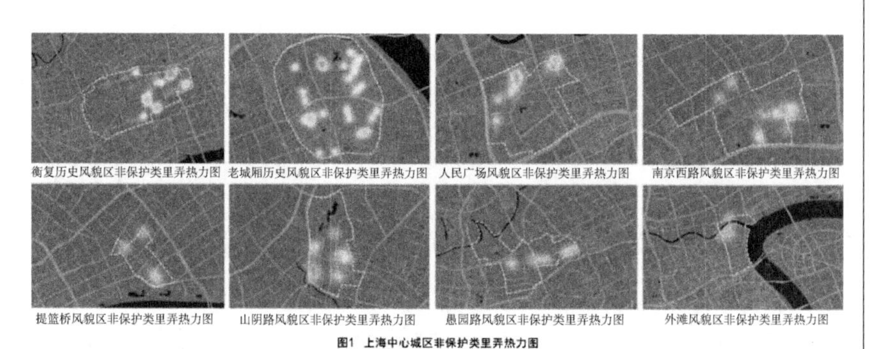


图1 上海中心城区非保护类里弄热力图

**1. 上海风貌保护区非保护类里弄街坊活化更新评价指标体系专家意见表**

填写说明：

请您根据实际情况对指标重要程度做出判断，并在相应的选项打"√"，每题单选一项。判断标准如下：1=不重要，2=较不重要，3=一般重要，4=比较重要，5=非常重要。若您认为该指标不准确或尚存未考虑到的指标，请在"建议"栏内修改或添加并说明原因，添加的项目同样需要判断其重要程度。恳请指正！

图4-2 相关专家调查问卷

# 4.3 活化更新评价结果及分析

## 4.3.1 数据计算过程

利用AHP层次分析法对各指标层进行AHP权重计算。通过对不同的判断矩阵进行AHP层次分析法研究（计算方法为：和积法），得出每层指标的特征向量与权重值，分别结合特征向量计算出最大特征根值并根据最大特征根值计算出相对应的CI值，CI =（最大特征根 − n)/(n − 1)，通过查询得到相对应的RI值用于一致性检验，即计算出一致性指标CR值(CR = CI/RI)。利用上述计算得到的CI值，结合判断矩阵阶数得到的RI

值，计算出 CR 值，如果 CR 值小于 0.1，说明判断矩阵均满足一致性检验，计算所得权重具有一致性。

### 4.3.2 活化更新评价结果分析

对问卷调查结果进行整理，主要从使用者对总目标层的需求度和使用者对需求评价准则指标层的需求度两方面进行分析，运用层次分析法得到结果（表 4-2）。在总目标层中占比稍大的两个需求指标为巷弄空间与景观绿化，这两项指标体现了里弄街坊活化更新受众对公共活动空间的主要需求，也是后续进行非保护类里弄街坊活化更新设计时要着重考虑的问题。非保护类里弄街坊在活化更新后大多变成了供大众活动的公共空间，因此，巷弄空间在其中承担了很重要的角色，其中的景观绿化要素也随之受到人们的关注。建筑特征和空间格局的权重较低，可见非保护类里弄街坊在活化更新后人们还是更关注其与新的使用功能和空间需求的配适度，对里弄街坊原真性的保护较为重视。在非保护类里弄街坊活化更新中，公共空间的更新方式和效果在整体更新满意度中占有较大的比重，尤其要注重巷弄空间与景观绿化的更新设计质量。

**表 4-2 上海风貌保护区非保护类里弄街坊活化更新评价指标权重**

| 总目标层 B | 权重值 | 子目标指标层 C | 权重值 | 需求评价准则指标层 D | 权重值 |
|---|---|---|---|---|---|
| B1 | 19.479% | C1 | 31.646% | D1 | 46.381% |
| | | | | D2 | 22.081% |
| | | | | D3 | 31.538% |
| | | C2 | 68.354% | D4 | 47.191% |
| | | | | D5 | 38.443% |
| | | | | D6 | 14.366% |
| B2 | 17.066% | C3 | 35.714% | D7 | 56.241% |
| | | | | D8 | 21.866% |
| | | | | D9 | 21.893% |
| | | C4 | 64.286% | D10 | 54.222% |
| | | | | D11 | 26.364% |
| | | | | D12 | 19.414% |

（续）

| 总目标层 B | 权重值 | 子目标指标层 C | 权重值 | 需求评价准则指标层 D | 权重值 |
|---|---|---|---|---|---|
| B3 | 42.922% | C5 | 56.897% | D13 | 44.350% |
| | | | | D14 | 35.412% |
| | | | | D15 | 20.238% |
| | | C6 | 43.103% | D16 | 26.546% |
| | | | | D17 | 42.023% |
| | | | | D18 | 31.431% |
| B4 | 20.533% | C7 | 48.187% | D19 | 35.761% |
| | | | | D20 | 41.105% |
| | | | | D21 | 23.134% |
| | | C8 | 51.813% | D22 | 50.967% |
| | | | | D23 | 21.746% |
| | | | | D24 | 27.287% |

从需求评价准则指标层的权重值结果来看，需求度最高的是在总目标层“建筑特征 B2”中的子目标层“保持里弄建筑外立面的原真性 C3”中的最大化保留原有建筑立面特征 D7，“活化更新里弄建筑内部空间 C4”中的调整内部空间格局以符合现有功能需求 D10 以及“景观绿化 B4”中的“优化景观环境 C8”中的提升巷弄绿植覆盖率和多样性 D22，这些都是在上海历史文化风貌保护区非保护类里弄街坊活化更新设计中需要着重关注的。

4 个总目标层中，需求评价准则指标层权重值较高的因素分别为：在“空间格局 B1”中的保证交通顺畅 D4、巷弄肌理的原真性保护 D1、拥有便捷的出入口 D5；“建筑特征 B2”中的最大化保留原有建筑立面特征 D7、调整内部空间格局以符合现有功能需求 D10、内部增设必要的交通空间 D11；“巷弄空间 B3”中的合理安排室外公共活动空间 D13、增强巷弄的空间丰富度和序列感 D17、提升巷弄空间的舒适度 D14；“景观绿化 B4”中的提升巷弄绿植覆盖率和多样性 D22、设置系列化的多级导视系统 D20、增设必要的休息和休闲设施 D19（图 4-3）。提取权重值较高的指标有助于进一步对上海历史文化风貌保护区非保护类里弄街坊活化更新的优化策略进行研究。

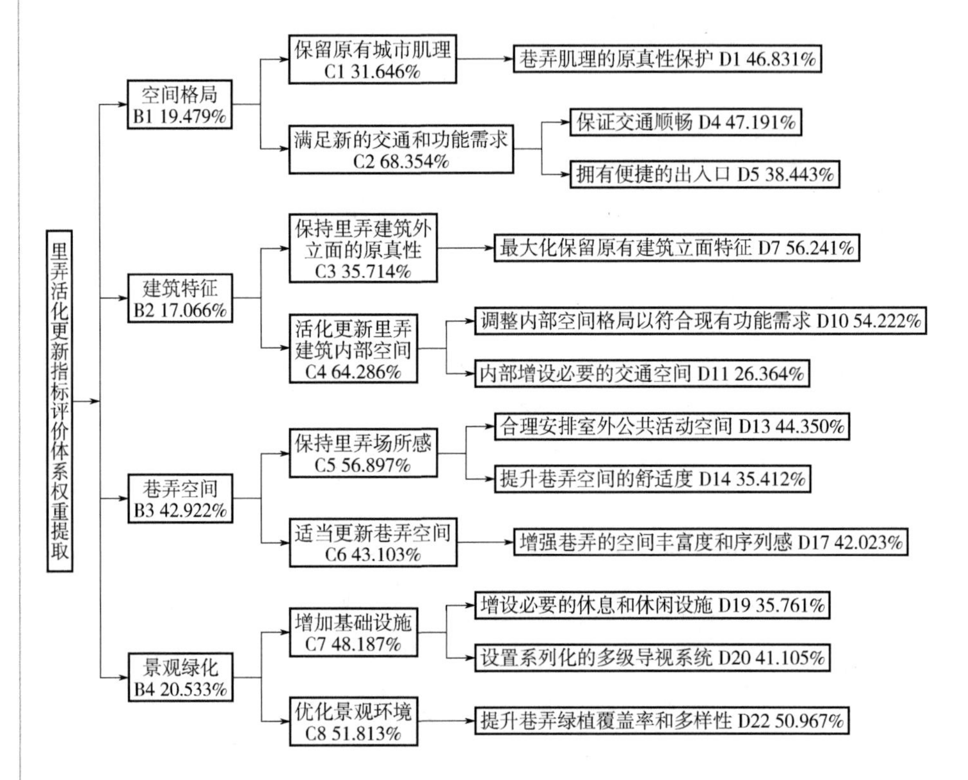


图 4-3　非保护类里弄街坊活化更新评价指标中权重较高的指标

# 第 5 章　非保护类里弄活化更新路径与反思

上海历史文化风貌保护区非保护类里弄街坊的活化更新给城市文化传承和发展带来了新的契机，对上海海派文化品牌构建具有重要意义。目前，非保护类里弄街坊活化更新受到的约束较少，经常出现缺乏文化特质、商业气息过重、大众接受度较低等问题，导致里弄历史文化所产生的良性效应并不明显。因此，对上海风貌保护区非保护类里弄活化更新路径的研究和反思，可以拓宽海派文化的传承渠道、创新海派文化的传承方式，提升海派文化的传承效应。

## 5.1 非保护类里弄活化更新的多元化路径

近年，在城市更新的热潮下，国内外都在积极探索创新的更新路径，国内有：上海田子坊自下而上的再开发模式，上海新天地的商业地产类的开发模式，北京杨梅竹斜街的街区空间更新和台北赤峰街的更新改造等；国外相关优秀的历史街区更新案例有：东京立川市的 FARET Tachikawa 艺术区，东京下北泽的古着屋和复古商店，纽约曼哈顿·SOHO（苏荷）工业区改造和法国 Clichy Batignolles（克里希街区）的多功能复合型的空间利用模式等。这些案例为上海历史文化风貌保护区非保护类里弄街坊活化更新的多元发展提供了可借鉴的经验。

上海历史文化风貌保护区人文历史的保护与传承经历了很长一段时间，目前来看，保护意识正在逐渐加强，正在积极探索新时代创新的保护和传承方式。在城市更新的大背景下，上海历史文化风貌保护区非保护类里弄街坊活化更新的传承路径也呈现出多元化的趋势，由最初的居民自发推进到后来的单一主体主导推进和多主体参与的共同推进，非保护类里弄街坊活化更新的组织方式和推进方式不断发生着变化，给上海历史文化风貌保护区的文化传承带来了许多创新思路。

### 5.1.1 居民自发推进

上海风貌保护区大多位于城市中心区，里弄街坊的人口密度高，建筑及其周边环境的品质参差不齐，居民作为更新的主体，在政府的监督下，由居民聘请设计师或自行设计，而后进行施工，完成自下而上的更新。居民自发推进的更新充分尊重了居民对环境的使用需求，反映了居民的意愿，有效利用了资金，同时，个体改造的集合丰富了更新的多样性，具有大规模更新不具备的优势。

居民自发推进的非保护类里弄街坊活化更新呈现出一种自然的状态，将最真实的历史环境和生活状态展示给大众。例如上海田子坊由居民和艺术家自主推进，目前仍有大量的居民居住在这里，具有浓厚的居住氛围，同时艺术家给田子坊带来了浓厚的艺术气息，对上海风貌保护区的人文历史进行了活态化展示。这是一种自由、灵活的展示方式，在文化传承过程中充分调动了社会资源、原住居民、创意人士等集体的力量，实现了一场自发性质的活化更新，增强了里弄街坊及其周边区域的城市活力，使其成为上海的文化地标，同时也带动了周边区域的社会经济发展。

在这种居民自发推进的非保护类里弄街坊活化更新路径中，田子坊更新主要有以下几个特征：首先，田子坊的更新保留了一部分原有居民的居住空间，也就保留了原有的里弄空间格局，同时也保留了里弄街坊内的人文气息，让人可以体会到老上海的生活气息，活化更新后的田子坊既有现代的创意工作室，又有传统的居民生活，是一种时尚与传统的结合，具有潮流和复古的情调。其次，田子坊更新是一种自下而上的居民自发的更新过程，这个过程在初期受到政府和开发商的控制较少，很好地保留了田子坊原有的历史人文价值，传承了原汁原味的上海文化，是一种鲜活生动的传承方式，在田子坊中可以找到上海餐厅、上海手表、老上海冰棍、老上海雪花膏、上海原创明信片、老上海特产等具有代表性的传统人文记忆。最后，田子坊作为空间载体传承了上海人文历史中的非物质文化遗产，包括手工技艺传习所等公益项目，通过剪纸、扎染、编织、香囊制作、面塑等工艺传承活动，吸引大众参与活动、体会上海文化的精髓，扩大了上海文化展示和传承的广度（图5-1）。尤其是在当下文旅融合发展的社会背景下，田子坊的这种居民自发推进的非保护类里弄街坊活化更新方式，有利于促进地域文化和旅游产业的协同发展，为上海文化的展示、传播和创新提供了更好的平台和更多的可能性。

a）传统里弄格局

b）传统剪纸展示

c）复古情调

图 5-1　田子坊

## 5.1.2　单一主体主导推进

居民自发推进的非保护类里弄街坊活化更新虽然具有灵活、自由等优势，但缺乏整体控制。对于规模较大的上海风貌保护区非保护类里弄街坊活化更新项目来说，需要由政府或开发商进行统一的协调和管理，对更新的设计、实施和运维的全过程进行统一规划和管控，以保证里弄活化更新后的整体协调性和效果。

由单一主体主导推进的非保护类里弄街坊活化更新可以统一规划，这样里弄活化更新的理念及方式也更加可持续，例如上海市南京西路附近的张园，通过政府主导的综合开发实现了里弄文化的展示与传承。单一的、片面的、片段式的更新模式在新时代背景下是不可持续的，急需转变为全面的、综合的、持续性的更新模式[1]。政府确立了张园“商、旅、文”融

[1]　苏蓉蓉．上海市历史文化风貌区更新规划思路与路径探讨［J］．规划师，2019，35（1）：38-44。

合的复合型整体定位，整个区域明显具有多元属性，由原来的居住功能转化为以文化和商业为主导的复合城市功能体，全面展示和传承张园的人文历史，使其成为上海市新的城市文化地标。

在这种单一主体主导推进的展示与传承路径中，张园主要具有以下几方面特征：首先，张园在活化更新之前就已经由政府确定了明确的总体规划，提出了“保护性征收”的基本原则，张园整个区域进行的是整体性征收，确保做到“征而不拆”，保留张园区域的历史痕迹，留住上海文化的根源，对其历史风貌进行最大程度的展示，确保人文历史传承的原真性。其次，张园的活化更新具有多样性和复杂性，由原本的居住空间更新为商业、办公、文化、创意、公共设施等多元化的复杂空间，同时还为城市轨道交通的后续发展预留了足够的空间，张园在功能置换的过程中并没有改变原来的城市肌理，而是对大部分的里弄进行保护性修缮，同时赋予其新的生命力，实现了传统历史文化与现代时尚文化的有机结合，为更新后的街区活力提供了良好的基础和保障，将人文历史的精髓更好地发扬和传承下去。最后，张园的更新平衡了空间肌理与使用功能之间的矛盾，在原有城市肌理的基础上根据新的功能需求梳理了空间构成和人流动线，同时维持了连续的城市界面，很好地保护和传承了城市历史风貌。在张园内部，室外公共活动空间的处理也与周边建筑和城市环境相协调，最大化保护了原有的城市历史记忆，打造出一个具有现代活力的历史街区，现代艺术与传统人文历史的创新结合向人们全方位展示了上海文化兼收并蓄、包罗万象的特征，留住了上海的城市记忆，突现了城市独特的文化魅力（图5-2）。

a）活化更新后的张园鸟瞰

b）活化更新后开放的张园弄堂

图5-2　张园的活化更新

### 5.1.3 多元主体参与共同推进

多元主体参与共同推进的非保护类里弄街坊活化更新一般由政府牵头协调各部门资源，运用市场化手段引入社会各方面的智慧和力量，共同完成更新的任务。相较于前两种方式，多元主体参与共同推进的方式可以充分调动出资人、设计师、产权所有者、社区居民等多方力量的积极性，建立多方联动机制，共同完成非保护类里弄活化更新的任务，给上海风貌保护区的里弄活化更新带来了新的发展契机。

由多元主体参与共同推进的非保护类里弄活化更新拥有多元化的视角，通过搭建多方平台，发挥各自优势推动城市文化的传承。例如上海愚园路区域的里弄及街区环境更新，由政府牵头，委托社会机构 AssBook 设计食堂进行具体组织和实施，同时获得上海长宁区政府、江苏街道、华阳街道的支持，建立了精致社区公众管理平台，邀请了数十位先锋设计师对里弄社区闲置公共空间及沿街商铺业态进行整改，实现了愚园路环境品质和文化氛围的双重提升，充分利用和展示了愚园路丰富的人文历史资源，突出了愚园路深厚的文化底蕴。

在这种多元主体参与共同推进的非保护类里弄街坊活化更新路径中，愚园路街区的活化更新主要具有以下几方面特征：首先，由政府和社会力量共同解决里弄更新的产权问题，区属国企九华集团和弘基集团旗下的创邑共同出资设立上海愚园文化创意公司，由于九华集团拥有愚园路上 1/3 的店铺，成立合资公司后，这些资源就置换到了运营方手上，解决了一部分权属分散的难题，为愚园路街区的整体更新改造提供了先决条件。其次，这次更新对愚园路沿街店铺进行了有规划的整体改造，通过调整业态突显文化氛围，在 118 家沿街店铺中，目前已完成近 30 家店铺的业态调整，涉及文化创意、生活美学、艺术设计的约占 25%，其中“好久不读”书店、“GlassIsland”玻璃制作体验馆的营业额和社会影响力已远超预期，后期还将引入艺术市集、生活市集、设计师工坊、小型创意园区等，继续体现“艺术生活化、生活艺术化”的文化理念。最后，发挥社会力量的积极性和自主性形成多方联动，共同促进愚园路街区活化更新的施工和后期运营维护，由社会机构 AssBook 设计食堂募集了数十位设计师，其中包括知名设计师、先锋设计师和大学教师等，共同探索街道、社区、消费、场所等各维度的现实问题与未来的可能性，倡导以创作实践联结建筑、设计和艺术，为城市带来能量和活力（图 5-3）。后期管理阶段建立了“愚园路精致社区管理微信群”，形成无边际的管理平台，发现问题及时上传，各个部门获取信息以后，快速解决，建立“居民—社区—街道”的联动机制。

a）多方主体共同参与

b）更新设计展示与公众参与

图 5-3 愚园路街区活化更新[1]

非保护类里弄街坊的活化更新涉及的功能置换也会相对复杂，想要更好地实现上海里弄文化和现代商业文化的交融，需要政府和社会多方力量共同推进。积极宣传和举办各式艺术、商业活动能够提升里弄活化更新后的活力，提高里弄的知名度，例如中外交响音乐会、美食嘉年华、石库门 3D 沙龙展、超火的 Gucci 墙等大规模活动等，使上海历史文化风貌保护区中的非保护类里弄街坊重新焕发生机。例如，纽约曼哈顿 · SOHO 在街区更新中保留了建筑景观，确立文化艺术区，使高雅艺术和大众消费共存，吸引了大批艺术家纷纷入驻。在政府和企业的共同努力下，SOHO 的画廊逾千、艺术家逾万，新的艺术展馆和美术馆先后落地，各类时尚行业相继进入，文化气象祥和，SOHO 也因此被称为“艺术家的天堂”。上海历史文化风貌保护区内的非保护类里弄街坊也可以根据政策和法律法规，依靠国家和地方政府出资改造及更新里弄，推动多元化、渐进式的小规模更新，或鼓励企业和社会组织参与到非保护类里弄活化更新的设计中来，地区负责人与商人合作，为相关的企业、组织提供适宜的政策扶持，引导企业积

[1] 图片来源：http：//m. voc. com. cn/xhn/news/201712/14553914. html。

极参与城市更新，提升里弄街区的整体活力，提高里弄文化的吸引力，使更多艺术、文化、创意产业入驻活化更新后的里弄街坊。

## 5.2 巷弄空间活化更新路径

巷弄空间是上海历史文化风貌保护区非保护类里弄街坊活化更新中权重值最高的指标，因此，巷弄空间环境的营造对里弄活化更新来说至关重要。在非保护类里弄街坊的活化更新过程中最显著的问题就是保护传统与建设现代化都市的冲突。上海里弄的巷弄空间蕴含了城市的文化基底，也是城市肌理的重要组成部分。在城市现代化发展和城市更新的背景下，大量的非保护类里弄街坊面临着被活化更新的命运，其巷弄空间的原有肌理形式该如何与现代城市环境衔接，该如何给里弄街坊注入新的活力，都是我们持续探索的问题。尤其是在将非保护类里弄街坊活化更新为商业空间时，该如何重塑城市历史文化的风貌以及延续巷弄空间的生活印记，是里弄活化更新的重点。本节主要从合理安排室外公共活动空间、增强巷弄的空间丰富度和序列感、提升巷弄空间的舒适度三个方面阐释上海历史文化风貌保护区非保护类里弄街坊巷弄空间的活化更新路径。

### 5.2.1 合理安排室外公共活动空间

在将里弄由居住功能改为商业、文化等复合功能的过程中，原本狭小的巷弄空间要满足新功能下的室外活动需求，容易出现公共活动空间格局单一、尺度规划不合理、形式单调、互动性差，以及分布不合理等问题。上海历史文化风貌保护区中的非保护里弄街坊具有一定的文化价值，因此，在进行活化更新的过程中应尽量保留原有的巷弄空间氛围，适当做一些改造，以满足人们各种新的活动需求，既要满足一些必要活动的需求，又要刺激人们做一些自发性活动。非保护类里弄街坊的巷弄空间与普通的街道尺度有所区别，巷弄空间可以给人们提供感受城市历史文化风貌的室外场所、公共社交场所及休憩空间等场地，对城市文化品牌的构建起到积极的作用。

首先，要适当调整里弄的空间格局。非保护类里弄街坊的空间格局一般都是鱼骨状排布，空间形式偏于单一，原本的巷弄空间利用率较低，很多空间被浪费掉了，同时，一成不变的巷弄也会使整个室外空间效果略显单调。因此，在非保护类里弄的巷弄空间活化更新设计中，应适当拆除杂乱的违章建筑，给狭窄的巷弄空间增加多种可能性，使更新后的巷弄空间有更灵活的空间体验。

上海丰盛里的活化更新以一株见证上海历史的广玉兰为主题，对室外巷弄空间进行了改造，扩大了室外活动广场面积，以满足新的公共活动需求。丰盛里始建于 1931 年，总规划面积 11665. 8 平方米，地面共有 10 栋具有历史文化风貌特色的石库门海派风格建筑，建筑周边还有丰富的里弄建筑群，比如张园、建安别墅、德庆里、震兴里、春阳里等。丰盛里在活化更新后变成摩登的时尚潮流新阵地，不仅有轨道交通和现代商业零售等多元化的元素，还引入了大量的海外特色文化餐厅，吸引着无数的时尚潮流人士来此交流、拍照。过去的特色建筑被新的元素激发出了新的生命力，让丰盛里成为海派文化的新地标。场地内的广玉兰有 120 岁，它见证了丰盛里的历史变迁、更新改造。丰盛里的景观设计概念围绕广玉兰来展开，以广玉兰的年轮辗转、枝叶斑驳、花朵璀璨表达生命的生生不息，将广玉兰的干、花、枝等元素图案运用到设计中，体现时间的流逝、时代变迁，利用场地建筑的线性方向串联起场地的故事，营造兼顾场地历史文化风格、现代功能的特色商业街区。场地的中心空间自然是围绕广玉兰古树而成的中心广场，保留了原先的景观元素，采用流线型的铺装，体现古今元素的交融，与整体风格相呼应。还要考虑广场中游客和居民驻足停留的空间，广场的主色调是红色与灰色，提取于上海石库门里弄质朴的色彩，提炼广玉兰的形象，将其转化为高低起伏的座椅和水景艺术装置，在夜晚绚烂地绽放出街区魅力（图 5-4）。

其次，要合理把控巷弄空间尺度。里弄空间原本是一种民居空间，其狭窄的弄尺度难以承载商业化模式下的人流量。对于活化更新后巷弄尺度的把控，应在前期调研的基础上，按照功能需求合理规划巷弄空间的节奏，可以适当遴选一些不具有保护价值的破旧建筑，对其进行拆改，以扩

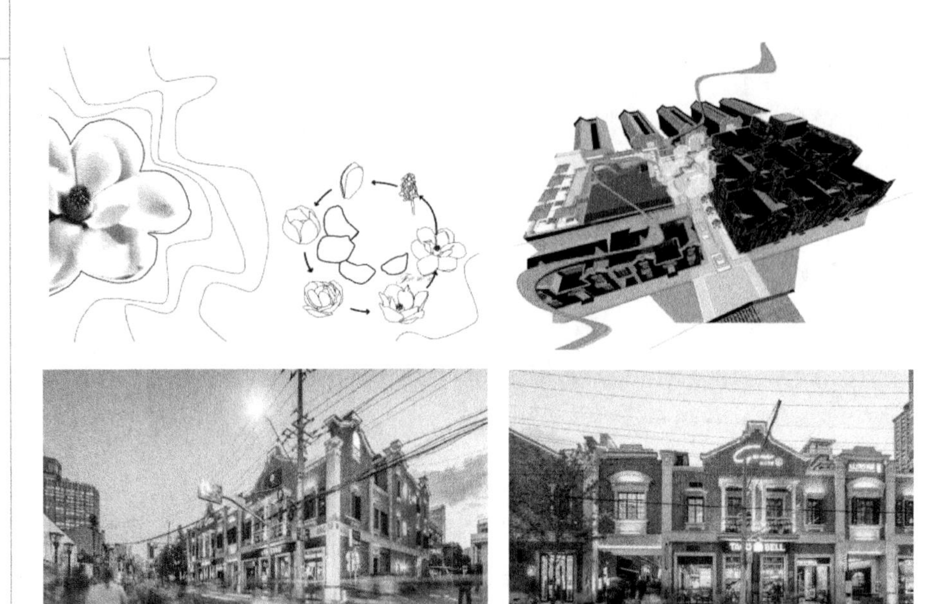

图 5-4　丰盛里广玉兰广场设计理念及现状[1]

大巷弄的设计空间，给更新设计提供更多的可能性。上海建业里的活化更新为了满足酒店的公共空间设计需求，对于原有街坊中的违规建筑和其他杂乱区域进行了休整与重塑，腾空了本身狭窄拥挤的街巷空间。在不进行大规模改动的基础上，保留了石库门原有建筑样式及外立面，没有过多的文化侵入，尽量做到修旧如旧，合理利用了过街楼下的灰空间，设置相关景观和共享家具以服务人群的使用需求（图 5-5、图 5-6）。

图 5-5　建业里巷弄空间更新

图 5-6　建业里过街楼下共享空间

[1] 图片来源：EADG 泛亚国际。

最后，在巷弄中增加“点”式空间。里弄中的巷弄空间以线性空间为主，活化更新改造余地较小，难以形成大型室外活动空间，而更新后的功能往往对室外空间的开放性有一定的需求。为保证公共活动空间的合理嵌入，保障人群对空间的多样化使用，可以考虑通过嵌入“点”的形式，将整个线性空间合理贯通。在不破坏原有巷弄肌理与风貌的基础上，构筑功能性设施，促进巷弄空间的有机更新，产生网络化的触发效应，通过巷弄中的众多节点搭建人与人互动的桥梁，以促进人群自发活动。

重庆万州老城区存在许多状况复杂、破败杂乱的老街巷，这些街巷正在失去其本身所具有的生活氛围。吉祥街作为其中一条老街巷，正是商业化改造模式下的产物，其本身所具备的条件难以满足现代城市生活的需求。场地的更新，既要服务于周边居民，又不只服务于居民，经过商业化的更新与改造，人流量较从前已有大幅度提升。因此，其巷弄内部的公共活动空间也应得到更多的重视。对于线性的巷弄空间，通过嵌入式空间设计，在整条街巷上插入了许多公共活动空间，以提升整体空间质量、联系整条街巷空间脉络（图5-7）。

图5-7 重庆万州吉祥街活化更新[1]

[1] 纬图设计. 被点亮的街巷微空间：重庆万州吉祥街城市更新［J］. 风景园林，2022，29（8）：59-63。

### 5.2.2 增强巷弄的空间丰富度和序列感

对于巷弄空间丰富度和序列感的提升，应该在保持原有风貌特色的基础上增加新的设计亮点，以低调的介入方式将新空间和设施融入旧貌中，而不是大面积的全新改造。注重新旧之间的弥合是活化更新设计的关键，巷弄空间丰富度和序列感的提升可以有效改善人们的步行体验，对增强文化感知和激发街区活力都具有积极的作用。

首先，要通过巷弄空间的更新唤醒人们对里弄生活的回忆。上海风貌保护区经历了百年的发展和演变，承载了人们对居住空间、人物事迹、生活习俗、劳动经营方式等事物的记忆，而随着城市的快速发展，原有的物质空间和环境逐渐被改变，很多居民搬离原来的里弄，原有的历史记忆也变得逐渐模糊。还原里弄的生活场景可以唤醒人们的历史记忆，用现代的设计手法和设计语言对城市的人文历史进行展示，可以引发公众对上海风貌保护区里弄人文历史精髓的集体共鸣。

上海愚园路历史文化风貌区中的愚园路长宁段虽然长度只有1.5公里，却拥有众多的优秀历史建筑，还有众多文人墨客在此留下足迹，茅盾、顾圣婴、张爱玲、康有为、蔡元培、钱学森等都曾在这里居住或活动过，给整条街道留下了宝贵的历史文脉。近年来，愚园路围绕构建文化氛围进行了多次的城市微更新（图5-8），对街道两侧可利用的公共空间进行再设计，将愚园路丰富的人文历史资源融入其中，增加了空间的丰富度和序列感。人们漫步在街道上，看到众多名人故居和历史建筑，感受着城市更新带来的新变化，体会到浓郁的人文历史氛围。

位于愚园路的上海微缩城市记忆博物馆也是原有巷弄空间的更新，这里原本是愚园路历史名人展示墙，以展示历史图片为主，文化展示方式比较单一，设计师通过对其内部空间进行更新，使里弄时空记忆再现，抽象还原了多种历史里弄空间类型，如里弄空间、亭子间、天井、楼梯等，通过人与物之间的多样体验，唤醒人们的城市记忆。设计采用空间折叠的操作手法，将多种展览装置容纳在一个有限的公共空间中，以个体记忆的集聚完成城市公众集体记忆的呈现（图5-9）。

图 5-8　愚园路历史文化风貌区公共空间更新

图 5-9　愚园路巷弄的微缩城市记忆博物馆

其次，通过修补缝合的方式提升巷弄空间的公共性。里弄街坊空间关系复杂，巷弄之间连接紧凑，在设计中应利用紧凑错综的空间关系在旧建筑中安插新的功能设施，填补设计上的空缺，但是又不妨碍到原有外立面饰面的修缮和统一，营造出适宜的序列感。上海虹口区的今潮 8 弄北临武进路，东临四川北路，有 8 条里弄，涵盖 60 幢石库门建筑和 8 幢独立建筑，特征是海派文化和艺术氛围，石库门建筑修旧如旧，赋予里弄新的文化内涵，使其成为上海潮流文化的新地标。贴着地铁站玻璃的熊、坐在街角的熊猫、悬在老房子屋顶的熊、橙色的长颈鹿、喷水的红色大象等公共艺术设施品给场地空间带来了新的氛围感，各式各样的艺术品无规则、无秩序感地摆放在里弄内部，游客可以自由地在潮流艺术品中畅游，沉浸式体验艺术。今潮 8 弄以用促保、新旧共鸣的设计理念，将新旧空间修补缝合在一起，保留旧建筑，修缮、恢复建筑外貌，保护历史并叠加商业复兴，新旧完美协调，传承了历史文脉，带动了周边的社会经济，将艺术、文化表演、餐饮娱乐等业态集中在更新后的里弄空间中，打造出上海城市时尚文化新地标（图 5-10）。

图 5-10　今潮 8 弄更新后现状

上海市南京西路贵州西里弄的更新主要在于构建社区公共客厅，原本杂乱的巷弄空间被整体修缮和整理，拆除违建设施，为狭窄的公共区域空出更多可能性。通过“修补、缝合”的方式，在里弄内部插入式点缀了许多便民设施，同时围合空间，构建出合适的交往平台（图 5-11）。更新设计在提高环境质量的同时，并没有破坏原有肌理风貌，也没有遮挡视野及采光。

图 5-11　活动广场装置

最后，在活化更新过程中针对主要里弄进行提升改造。尽量利用现有资源以最小干预的设计方式对现有的内容进行重组，形成新功能、新格局、新面貌，为较为局促的巷弄空间提供更多的可能及选择。如永康里空中书房，在原有过街楼建筑的基础上保留原有里弄的肌理及原有结构的同时，对里弄进行重新解读与包装，类似积木的穿插与叠加，形成新的空间格局（图5-12）。此外，对于沉闷单调的巷弄空间，可以适当拆除部分建筑以扩大公共空间范围，对于现有的里弄空间，适当增加空间高差变化，可以丰富街坊空间层次，增强趣味性，加以时尚活力的色彩点缀，提升空间活力感。

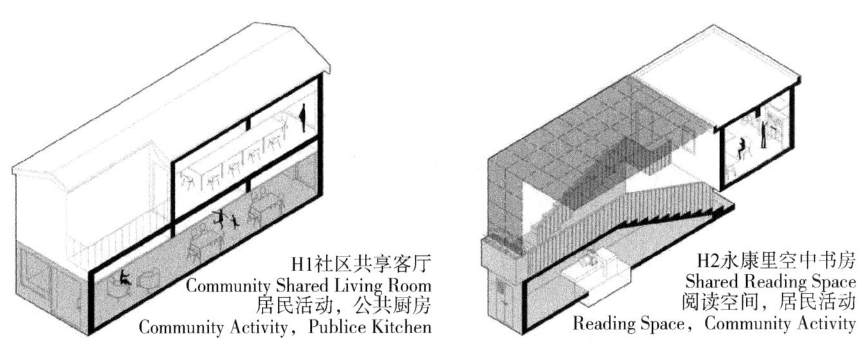


图5-12　永康里空中书房[1]

### 5.2.3　提升巷弄空间的舒适度

空间的舒适度也是衡量非保护类里弄街坊活化更新效果的重要指标，从使用者的视角来看，所处环境的变化会对人的行为活动产生一定的影响，活化更新后的巷弄空间需要满足人们对新功能的使用需求，同时也要具有丰富的文化内涵。

首先，巷弄空间在活化更新时要把握合适的空间尺度。适宜的尺度更会给人舒适感。空间的尺度即巷弄的高宽比，相对于开敞无遮蔽的空旷环境，人们更倾向于具有围合感的空间，能够带来足够的安全感，同时能缩短人际交往距离，使人群的自发性交际频率得到有效的提高。例如可以利用廊架围合空间，营造出一种包裹感，避免了空旷环境下的不安全感，一定程度上提升了空间的舒适度。巷弄空间是人们会经常停留的一个城市空

[1]　图片来源：梓耘斋建筑官网。

间，也是上海风貌保护区内适合展现人文历史传承的空间，可以通过一些巧妙的改造让整个巷弄空间的活力有所提升。

成都宽窄巷子位于青羊区下同仁路与长顺上街之间，内部由宽巷子、窄巷子和井巷子三部分平行排列组成，道路宽度都保持在 5 ~ 7 米，建筑高度保持在 10 ~ 15 米，D/H 值刚好在 1 ~ 2 之间，使游客、居民感觉到空间尺度舒适[1]。青黛砖瓦的仿古四合院落和川西风格的庭院形态得到保留，街巷的鱼骨状街区肌理保存完好。宽窄巷子坚持整体性保护策略、原真性保护策略、多样性保护策略和可持续性保护策略四个方面共同维护历史文化保护区。宽窄巷子的设计定位体现着老成都的生活韵味，通过不同尺度的街巷体现不同的空间意境（图 5-13）。宽巷子代表着老成都的“闲生活”，窄巷子代表着老成都的“慢生活”，井巷子代表着成都人的“新生活”。宽巷子最能代表老成都的市井文化，以餐饮、民宿为主，龙堂客栈、老茶馆、梧桐树、老居民都是这里独一无二的历史元素，也是老成都文化的独特回忆。窄巷子更多是成都典型的院落文化，以茶馆、酒吧为主，简洁朴素的道路设计结合路两边的植被种植和休闲座椅，各类植物搭配建筑的形式，营造出宁静的氛围。井巷子以闹市、小吃摊为主，最接近现代的道路界面，也是最开放、最多元、都市节奏最快的场所空间。

图 5-13　活化更新后的成都宽窄巷子

其次，更新后的巷弄空间要能更好地满足人们的日常生活需求。巷弄空间不仅代表了城市风貌的物质空间，更是承载了人们往日休闲生活的宝

[1] 鲍黎丝. 基于场所精神视角下历史街区的保护和复兴研究：以成都宽窄巷子为例［J］. 生态经济，2014，30（4）：181-184。

贵记忆，这里记载了曾经发生的故事，是激发城市活力的重要场所。上海的风貌保护区一般位于城市中心位置，其中居住的老年人比例相对较高，为了提升城市街区活力，需要重点改善里弄街坊的空间环境，以期吸引更多的人回归街道生活。老年人希望有更多可以坐下来休息和闲聊的空间，年轻人希望有更多社交活动的空间，家长们希望有更多亲子活动的机会，小朋友们希望能有更多有趣的地方玩耍。

目前，上海风貌保护区内有大量里弄街坊的交流空间由于年久失修而无法正常使用，城市更新的热潮给这些城市公共交流空间带来了改变的契机。要将人文历史展示与人的交往活动结合在一起，在进行文化传播的同时，满足社区中儿童、青年、中年、老年等不同人群的活动需求，弥补里弄街坊建设中对于环境建设方面的欠缺，给人们创造一个具有文化内涵的城市客厅。因此，里弄活化更新应该以人的行为需求为先决条件，充分考虑不同类型人群的需求，在设计过程中强调包容性。与早期设计仅关注老年人群体或者残障弱势群体不同的是，包容性设计应与适用人群的多样性相匹配，从而制定针对不同群体需求的设计策略[1]。巷弄空间更新设计需要尊重不同人群的活动行为需求，重塑社区活力，使人们获得愉悦的空间体验，找到属于自己的城市生活乐趣。

上海风貌保护区的人口密度一般都比较大，人员构成也比较复杂，在非保护类里弄街坊活化更新设计中要结合人的街道活动习惯、活动频率等因素，充分考虑人的使用感受和心理感受。在上海新华路风貌保护区的番禺路 222 弄更新改造中，设计师利用约 80 米长的巷弄空间营造了一个“步行实验室”，整个空间以粉色为主色调，司机开车驶入的时候会因明显感觉到颜色的变化而降低速度（图 5-14）。为了提高空间活力，设计师利用五组休息座椅围合成一个供不同人群活动的“里弄客厅”，座椅形态高低错落，成年人和小朋友可以选择不同高度的座椅舒适就座，实木材质对老年人和小朋友也十分友好（图 5-15）。同时还结合了花箱和灯箱，小朋友在家长的带领下可以通过座椅上的花箱认识不同的植物（图 5-16）。到了

[1] 李小云. 包容性设计：面向全龄社区目标的公共空间更新策略［J］. 城市发展研究，2019，26（11）：27-31。

周末，这里还可以变身为社区市集活动的载体，促进社区居民之间的交流，因而受到大家的普遍喜爱（图 5-17）。同时，设计师还设计了儿童友好区域减速慢行的提示标志，为儿童的活动营造更安全、更贴心的环境，使行人可以自由行走、休憩，小朋友可以快乐玩耍（图 5-18）。另外，空间中还设计了一些 80 后、90 后年轻人小时候玩耍的小游戏，如跳格子、跳远、赛跑等，吸引了很多的年轻人和小朋友来玩耍，唤起了大家对童年生活的美好回忆（图 5-19）。设计师为社区居民营造了一个具有往日巷弄活力的城市公共活动空间和交流空间。

a）更新前

b）更新后

图 5-14　番禺路 222 弄社区交流空间更新

图 5-15　高低错落的休息座椅

图 5-16　花箱帮助认知植物

图 5-17　周末的热闹市集

图 5-18　儿童友好慢行提示

图 5-19　唤起童年回忆的游戏场地

## 5.3　里弄景观绿化活化更新路径

### 5.3.1　提升巷弄绿植覆盖率和多样性

里弄的巷弄空间一般都比较狭小，除了要承担交通功能外，还有一些基础设施和休息座椅，留给绿化景观的空间十分有限。在过去的三十年间，上海被迫承受着因城市增长而带来的前所未有的压力，从亚洲绿色城市指数来看，上海是居民人均绿地面积最少的城市之一。市政府对该问题也做出了相应的回应，即尽可能提高公共领域的丰富性并连接孤立的生态系统。上海历史文化风貌保护区内的绿植覆盖率尤为重要，在非保护类里弄街坊活化更新中，应尽可能多地提高绿植覆盖率，增加绿化多样性，创造舒适宜人的城市公共活动场所。

首先，要以里弄活化更新为契机，增加城市公共绿地。里弄景观是体现城市人文历史风貌的重要窗口，然而在上海风貌保护区内，由于用地紧张，公共绿地和景观十分有限。可以以非保护类里弄街坊活化更新为契机，将一些城市公共用地归还给大众，将街区划分为若干小的单元，沿街退让公共绿地的方式既可以增加上海风貌保护区内的绿地面积，提升环境品质，又可以让景观与人文历史展示相结合，通过合理的景观绿化和灯光设计提升街区景观的人文内涵。

里弄景观是上海风貌保护区城市人文环境重要的一部分，对每个微小单元内的景观绿化进行梳理，用创新的形式将风貌区内的建筑、景观和人文历史要素融为一体，还可以用现代灯光设计营造全天的人文历史展示体系。可以借助非保护类里弄街坊活化更新释放更多的城市景观空间。例如，位于愚园路1107号的弘基创邑园门口，原本是一片约380平方米的停车场，这次城市更新一改以往大拆大建的思维，主动打开围墙，将停车场改造为开放式耐踩踏草坪。拆除原本封闭的围墙，将场地还给公众，将其更新改造为休闲绿地，利用现有场地满足社会公众不断提升的对城市景观的需求（图5-20）。这片绿地的马路对面是岐山村内的上海宽紧带厂旧址，在城市更新的过程中，工厂被迁址到城市郊区，设计师用厂里出产的宽紧带在这片草地上搭建了一个临时构筑物，唤起人们对上海纺织业兴盛时代的回忆，那是一种上海特有的城市记忆（图5-21）。另外，在愚园路的工人文化宫和青少年宫附近，设计师将原有封闭的建筑围墙拆除，把空间还给城市、还给大众，将其更新为一处公共休闲绿地，在绿地和人行道旁设置了展示愚园路人文历史的景观雕塑，行人可以在这里驻足、休息、交谈，静下心来感受这座城市的人文魅力，街道两边的建筑、熙熙攘攘的人流、绿地里具有人文气息的公共艺术品，这些都在向人们无声讲述着这座城市丰富的故事（图5-22）。上海风貌保护区内留存了很多旧时的印记，以城市更新为契机将这些印记体现在街区景观中，可以提升公众对上海风貌保护区里弄人文历史的认知程度，唤醒沉睡许久的城市记忆。

a）更新前

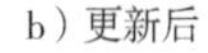

b）更新后

c）夜景观效果

图5-20　愚园路1107号弘基创邑园门口景观更新

a）上海宽紧带厂旧址

b）宽紧带的历史记忆

c）宽紧带现代景观艺术

图5-21　上海宽紧带厂的人文历史再现

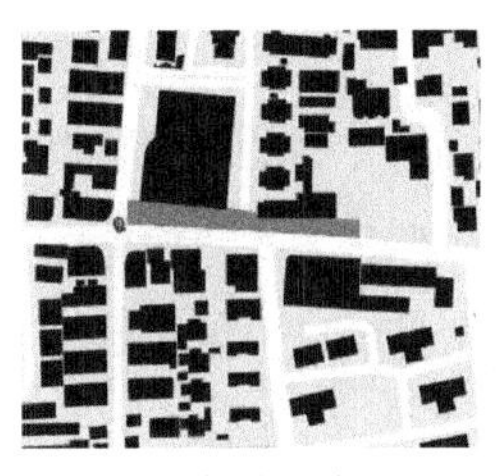

a）拆除围墙

b）将景观绿地还给大众

c）展示人文历史的景观艺术

图 5-22　愚园路工人文化宫前绿地更新

其次，要对非保护类里弄街坊中的绿化进行有效保护。在非保护类里弄街坊活化更新过程中，要合理规划，对场地内有保护价值的树木进行保留，不轻易移动或砍伐已有树木，留存场地记忆。一方面，由于树木的成长承载了街坊空间的记忆；另一方面，可以减少更新经费和维护管理工作。现存的、需要进行活化更新的里弄街坊由于街巷空间狭窄，通行能力已然十分有限，景观绿化的覆盖率更是少之又少。绿化对于空间的重要性正逐步攀升，是改善空间使用者使用感受的必要手段，提升景观多样性及覆盖率能在一定程度上改善里弄街坊的空间环境质量。在非保护类里弄街坊活化更新设计中应尽量保护原有绿植，在此基础上进一步升级街坊环境，如同济大学四平路校区的梧桐广场，遵循可持续的更新设计理念，充分回收利用场地中现有的资源，尊重场地所独有的场所记忆，提升场地的绿植覆盖率，为环境创造出更多的绿色空间（图 5-23）。

图 5-23　同济大学四平路校区梧桐广场景观

最后，要提高非保护类里弄街坊景观绿化的多样性。近些年来，里弄街坊的商业改造致使社区改造逐步转为社区商业化，对于周围的居民来说，提升景观多样性、亲近自然能一定程度缓解商业模式带来的紧迫感，对于商业模式的改造来说，又可以通过自然景观来提升环境的质量。随着城市化发展进程的加快，人们对于自然景观的需求有了更进一步提升，城市生活步伐紧凑，人们更需要沉浸在自然的和谐景色中放松身心。成都港汇天地项目给景观设计预留了较大的空间，相较之下，其传统商业空间中的硬质面积更少，大部分退让给景观，保留紧凑的人行步道，增强人与景观的互动体验感，这种看似是商业尺度的退让，实则将重心落在人的感受上。牺牲部分硬质空间换来优美的绿化景观，能够吸引了更多的人流，整体获得更多的商业价值（图 5-24）。

图 5-24　成都港汇天地景观设计

上海风貌保护区往往是寸土寸金，并不适合大拆大建的更新模式，对现有的非保护类里弄街坊进行活化更新，通过改造景观环境提升其人文属性，是上海风貌保护区进行人文历史展示的有效途径之一。里弄空间是容纳城市生活的容器，而绿化景观又是其中重要的组成部分，随着现代生活环境的改善，风貌保护区内的居民对城市空间的品质要求也越来越高。休息、观赏、交谈和思考是人们在街区景观环境中经常发生的行为，应鼓励将公共艺术活动引入绿化空间，利用非保护类里弄街坊更新后的绿化空间举办临时性公共活动、街头文艺表演、艺术活动等，丰富城市文化[1]，为居民创造具有文化认同感和归属感的休息、交流环境。

## 5.3.2 设置系列化的多级导视系统

导视系统是某一特定空间环境下，给受众提供相应的指导与指引，传递空间环境信息及定位的功能性装置。里弄街坊的巷弄复杂曲折、有主弄和支弄之分，本地居民可能已经谙熟于心，但是对于经过商业模式活化改造的用以接纳游客游览的商业空间来说，导视系统的运用及更新就显得尤为重要。城市更新不应盲目地追求变化，而应尊重历史印记和空间文化，把握好历史与现在的关系，形成持续的文化认知[2]。上海风貌保护区非保护类里弄街坊导视系统更新应合理提取历史元素，注重对历史文化和历史元素的传承和运用，把握好外在的形态和内在的精髓，将历史元素融入导视系统设计，构建系列化的多级导视系统，使其成为里弄人文历史精髓的良好载体，强化上海风貌保护区的人文内涵，营造有文化底蕴、有温度、有活力的街区氛围，为上海文化品牌助力。

里弄街坊中的店铺招牌和导视系统通过文字信息、图形信息、色彩和材料的搭配使人与街区形成对话，实现信息的传达和流动，进而影响人对里弄的文化认知，对构建上海风貌保护区非保护类里弄街坊的人文情境具有重要的影响。店铺招牌和导视系统作为风貌保护区中特殊的信息符号，不仅要给人们提供指导信息，更要与周边的人文历史环境相协调，运用现代艺术设计手法、现代技术、现代材料使之成为一种文化符号，在上海历史文化风貌保护区里弄街坊活化更新过程中呈现出属于当下的新时代人文情境。

首先，导视系统设计要融入城市文化要素。上海风貌保护区里弄活化更新拥有丰富的历史资源可以利用，在设计过程中如何提取历史元素是关

[1] 赵宝静．浅议人性化的街道设计［J］．上海城市规划，2016（2）：59-63。

[2] 何玉莲，章宏泽．环境图形设计在城市更新中的应用［J］．包装工程，2020，41（8）：246-252。

键，从历史建筑、历史设施、民俗习惯等方面合理提取设计元素，形成具有地域特征的人文符号，使人们能够更直观地获取到相应的文化信息。上海风貌保护区中有很多传承几十年甚至上百年的老字号品牌，包括餐饮、服装、百货等行业，承载了人们的时代记忆，然而随着社会的发展和城市的不断更新，很多老店铺因跟不上时代的发展而显得老旧破败，里弄活化更新给上海风貌保护区中的老字号店铺带来了新的生机。愚园路上有很多诸如老面馆、耳光馄饨、内衣店等店铺，活化更新使店铺焕然一新，重新设计的店面和招牌既保留了原有的历史元素，又加入了现代的元素，和整条街道协调统一（图5-25）。

图5-25 老字号店面更新

上海衡山路—复兴路历史文化风貌区中的思南公馆是上海近代高档花园里弄比较集中的区域，堪称上海近代花园里弄建筑的露天博物馆，在其活化更新的过程中，设计师将历史风貌保护与商业价值完美平衡，在设计导视系统时对思南公馆的建筑风格、文化内涵、洋房情节等进行综合提炼，将人文历史元素应用得恰如其分，形成行走中的上海风情文艺街区[1]。地图是帮助参观者了解空间的重要手段[2]，在街区入口位置，利用从历史建筑中提取的装饰纹样设计了一级导视，包含了思南公馆区域的总体平面图、思南露天博物馆的文字介绍，以及街区内部文字简介和语音简介的使用方法，导视牌的色彩主要选用深灰色和暗红色，与周边红瓦屋顶、卵石镶壁的环境色调完美统一，彰显思南公馆浓郁的法式情调。在街区内部重要历史建筑的入口处，设计师运用从历史建筑窗户中提取的简洁图案，设计了三级导视，古朴、简单的矩形与现代的铁锈板、石材、黄色灯

[1] 朱晓君. 从“新天地”到“思南公馆”谈上海特色街区的发展与未来［J］. 中国园林，2019，35（S2）：24-27。

[2] 汪哲皞，刘欣慧. 信息设计视野下的公共空间导视系统设计：以浙江工业大学1-A区块导视系统为例［J］. 建筑与文化，2020（5）：187-188。

光配合，营造出一种岁月积淀出来的沉稳和寂静幽雅的独特氛围（图5-26）。保护历史文化街区不单是保护建筑遗存，还要对周边的环境和人文要素进行综合考虑[1]，上海历史文化风貌保护区里弄街坊活化更新设计需要对历史文化进行深层次的挖掘，而非浮于表面，只有这样才能更好地提升环境的文化属性。可以运用现代的材料和技术对历史文化进行崭新的诠释，运用创意使上海风貌保护区非保护类里弄街坊通过活化更新焕发新的生命力，提高大众对里弄的文化认知度。

图5-26　思南公馆导视设计

其次，导视系统设计要具有系统性和整体性。里弄街坊中的导视系统也是展现里弄风貌的重要载体，合理设置导视系统可以让身在其中的人更好地体会到环境本身的魅力。对于活化更新后里弄街坊中的多级导视系统，在其设计上需要注重整体性原则，要从街巷空间环境的整体出发，在统一中寻求变化，也要在变化中寻求统一。有些历史街区的景观导视系统在设计上盲目跟风，追求网红效应，忽视了历史文化的底蕴以及实际条件，导致整体设计生硬、与空间环境不统一。因此，在上海历史文化风貌保护区非保护类里弄街坊活化更新中，在突显导视系统风貌特色的同时，也要围绕整体环境进行相应的设计，从历史环境中提取色彩和材质特征，使新的里弄街坊导视系统与空间环境紧密交织在一起。

福州中平路是民国时期当地极负盛名的“十里洋场”，设计师对这样

[1]　冯瑞霞，刘峻岩．历史文化街区的保护与开发策略［J］．河北建筑工程学院学报，2020，38（2）：46-48。

一个承载着城市独特历史记忆的场地进行活化更新设计时，对原有的民国风情建筑外立面进行了最大化的修缮和保护，同时为了适应新的功能需要，增加了与现有环境相协调的导视系统。无论是大招牌还是小侧招牌，都是从历史元素中提取的设计灵感，在色彩选择上也是趋向于沉稳的色调，以更好的搭配街道旁的民国建筑外立面（图5-27）。

图5-27　福州中平路导视系统设计及街景

## 5.3.3　增设必要的休息和休闲设施

随着时代的发展，人们对巷弄空间的需求也在增加，巷弄空间不仅要有交通功能，还需要为人们提供必要的休息和休闲设施，同时巷弄也是进行文化展示的好场所，对巷弄空间中的座椅、路灯、标识系统等进行更新，能够让人们体会到上海历史文化风貌保护区中无处不在的文化氛围。让街道家具融入里弄的人文历史环境，可以让居民和旅游者更好地感受城市历史，认知城市文化，提升上海历史文化风貌保护区的文化氛围。

上海历史文化风貌保护区里弄活化更新要面临人文历史延续和城市发展需求的双重挑战，这是一个长期、持续的过程，街道家具的更新是其中重要的一部分，它可以让人们更直观地感受到城市的文化氛围和特色。但是，为了迎合城市快速更新建设的需求，一样的方盒子建筑，一样的街道，一样的路灯等，“撞脸”的尴尬时有发生[1]，上海历史文化风貌保护区非保护类里弄街坊的街道家具也常常面临一些问题，例如，所含城市文

[1]　周鑫．地域文化符号在当今公共设施设计中的传承与创新［J］．美术大观，2016（4）：134。

化符号简单抽象、形式雷同、缺乏记忆点等，不利于城市文脉的延续和历史文化氛围的营造。城市街道家具的艺术造型对人的感受也有非常重要的影响[1]，上海历史文化风貌保护区非保护类里弄街坊活化更新需要结合人文历史背景，探讨休息和休闲设施的多元创新路径。

首先，上海历史文化风貌保护区内的里弄街道家具可以作为承载城市文化的重要物质载体。设计师可以通过一些巧妙的设计将城市的人文历史以街道家具为载体展示出来，以此提高居民对城市文化的认知和认同，利用街道家具构建良好的上海风貌保护区人文形象。另外，上海风貌保护区一般都位于城市的中心位置，人口密度大，街道设施比较陈旧，居民迫切希望能够改善现有的环境品质，休息、观赏、交谈和思考是人们在公共环境中凭休憩设施而产生的主要行为[2]，适当植入街道家具，能够满足居民的需求，改善居民的街道体验。例如，上海风貌保护区内的道路一般都比较狭窄，缺少能让人们在街道中漫步、闲聊、偶遇的空间，居民希望风貌保护区的更新能够提高街道家具的数量和质量，这对于提高风貌保护区的城市活力也有至关重要的作用。在上海的愚园路风貌保护区城市更新中，设计师发现建筑与街道之间的大台阶空间很少被人使用，于是根据行人喜欢在路边逗留并欣赏街道风景的习惯，在台阶空间中加入了一些乐高式的几何模块，将消极空间激活，给行人创造了休息交谈的空间，使大台阶成为路边一道亮丽的风景。人们在这里驻足交谈，节省了在窄窄的人行道上另外设置座椅的空间，提升了风貌保护区的城市活力（图5-28）。还有，街道两边的垃圾桶原本是令人避之不及的，设计师在与环卫工人交流之后，根据原有垃圾桶的问题，设计了兼具功能性和艺术性的全新垃圾桶。这是一个不锈钢的“方盒子”，利用清晰的色彩标示、最大化的开口设计让杂物、烟蒂的投掷更为方便，避免垃圾掉落进垃圾桶内外胆之间的缝隙之中，同时也使清洁工的打扫变得更加容易（图5-29）。

---

[1] 回晓娟．城市纪念性广场中的街道家具设计研究［J］．艺术与设计（理论），2019，2（5）：69-71。

[2] 王廷廷．基于城市体验视角的城市街道家具设置与优化研究：以厦门为例［J］．工业设计，2017（11）：22-23。

a）微更新前

b）微更新后

图 5-28　沿街台阶更新

a）不锈钢“方盒子”

b）色彩标识与最大化开口

c）烟蒂投递口

图 5-29　垃圾箱更新

其次，利用休息和休闲设施创造巷弄中的多维空间。巷弄空间的线性街区或短或长，对于较短的线性空间来说，如果巷弄内部没有合适的、能够吸引人驻足的设施，往往难以留客。砼亭是为上海多伦现代美术馆特别项目“异质越野：多伦路”定制的城市装置家具（图 5-30）。公共家具的介入可以看作是对于城市街道景象的一种解读与再创造，是设计师从嘈杂

图 5-30　多伦路城市装置家具砼亭

的城市背景环境中挖掘出的可以为场景空间带来更多可能性和变化的设施。砼亭被看作一个多维的空间，连接起街道、通往后部的巷道、一侧的老树、以及背后的建筑，座椅区则限定了一个可观察街道的窗口。

最后，必要的休息和休闲设施可帮助人们放慢脚步，去寻找属于里弄空间的历史记忆。人们对于生活记忆中的老街巷总有一定的归属感与依赖感，相较于日新月异的新潮设施和网红打卡点，承载了相关记忆的场所更会给人提供一种安心的舒适感。对于里弄活化更新如何保留历史记忆，应多围绕场地自身历史风貌特色展开维护与利用，也可以从旧物新用上出发，收集布置相关老旧物件，让其作为公共家具融入更新后的空间中，营造空间的历史氛围。例如一持工作室与艺术家 REHyphenation 合作的“小街坊”作品就如何展现老城区回忆提出了一种新的构想。他们对香港当地北角居民募捐的二手家具进行重新设计与改造，保留了旧设施和家具自身的记忆及故事，最终构建了一个户外城市客厅。北角既充满回忆，容纳了不同的社群又经历了城市空间及社会状况的急剧转变。设计以独特的视角为老城区的更新改造提出一种新的建议，收集老城区的历史记忆，以展现其自身的文化魅力（图 5-31）。

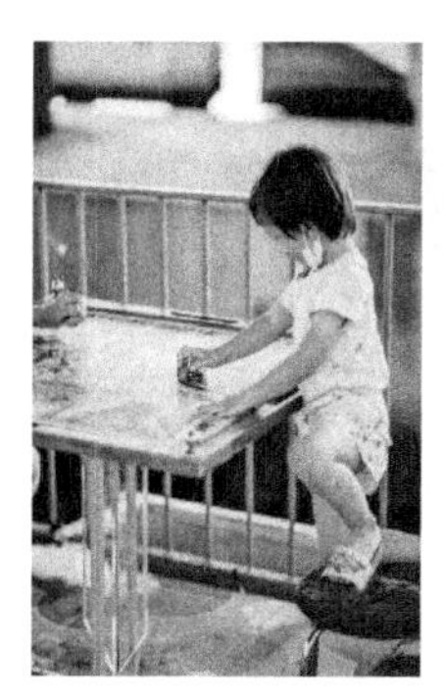  

图 5-31　“小街坊”中由旧家具改造的象棋桌和摇摇椅

每个城市都拥有独特的文化和历史特质，上海风貌保护区更是集中了上海重要的发展印记，是上海不可或缺的重要文化载体。街道家具设计应从“小而灵活”的层面切入，鼓励将公共艺术活动引入里弄空间，综合运用新媒体、新技术、新科技等创新产物，提倡自下而上的、有居民参与的更新，为居民创造具有认同感和归属感的休息交流场所。非保护类里弄街坊活化更新中的街道家具创新设计可以有效改善上海风貌保护区狭窄的街道空间与人们高质量街道活动需求之间的矛盾，良好的设计强调设计能够给使用者带来情感上的愉悦[1]，将里弄街坊中的街道家具与现代艺术形式相融合，可以促进历史与艺术的碰撞，以更丰富、更有趣的形式拉近人与城市之间的距离，激发里弄街区的整体创新活力，向人们传达历史与当下、艺术与生活相互交融的现代人文精神，赋予上海风貌保护区更深层次的文化内涵。

活化更新后的里弄公共空间中的基础设施、城市家具、公共艺术装置、构筑物、景观小品等，能够很好地改善里弄环境和文化风貌，营造舒适的里弄公共空间。通过艺术家、设计师、周边居民和游客的共同努力，把他们在里弄的生活记忆记录下来，经过艺术家和设计师的加工，赋予里弄公共空间新的面貌。日本东京立川市的 FARET Tachikawa 艺术区中拥有多元的公共艺术种类，包含来自 36 个国家、92 名艺术家的 109 件艺术作品，有酒店门前的艺术造景、建筑一角、公共座椅，甚至是水龙头、消防墙、地面铺装、通风口都有考虑到，使公共艺术能够融入周边的环境、融入市民生活。上海历史文化风貌保护区非保护类里弄街坊的休闲活动空间也可以通过引入大量公共艺术的方式，增强里弄环境与周边居民和游客的交往互动，增强里弄的空间活力和艺术氛围。

## 5.4　里弄建筑特征活化更新路径

### 5.4.1　保留原有里弄建筑立面特征

人们对上海历史文化风貌保护区的里弄人文记忆，很大一部分来自于以往的生活空间，城市经历了百年的变化，原有的生活环境逐渐破败，只能从那些尚存的痕迹中找寻往日的记忆。建筑是凝固的历史，其所蕴含的

[1]　秦龙. 基于体验视角的森林公园交互式导视设计［J］. 华南师范大学学报（社会科学版），2018（7）：184-188。

历史底蕴是不可磨灭的，在里弄建筑更新改造过程中，需要最大化保留原有建筑的立面特征，展示原汁原味的历史风貌。里弄活化更新通过对传统生活空间中的门头、老墙、铺装进行细微的改善，将原有的城市文脉传承下去，让那些破旧的、承载城市记忆的传统生活空间重新焕发出生命力与文化感染力。

里弄建筑是上海近代一种特殊的居住形式，它承载了上海特定时期的大众生活，是为适应城市密集发展而产生的一种建筑形式，是近代传统生活空间的典型代表，同时也是上海地方文化的精髓所在，具有很高的文化价值和艺术价值。里弄曾经是上海居民最主要的栖身之所，到了 20 世纪 90 年代，仍然有一半以上的上海市民居住在里弄里[1]。里弄建筑作为一种物质空间，承载了上海几代人的历史空间记忆，这里的居民对里弄建筑拥有不可抹去的情感。

首先，要对改造的建筑立面进行最优化的保护和还原。建筑立面的更新是里弄活化更新的核心部分之一，通过还原里弄建筑的材质、构造做法、表面肌理等，营造里弄街坊昔日的氛围，通过保留里弄原有的装饰细部，将里弄中独有的建造工艺以及审美趣味传承下来，通过建筑立面的保护最大程度地还原其历史风貌。上海建业里的活化更新在保持里弄建筑立面风貌方面进行了很好的尝试，建业里地处徐汇区的东南角，始建于 1930 年，为二层清水红砖建筑，拥有别致的马头风火墙和拱形券门，是上海目前现存最大的石库门里弄建筑群。2007 年，上海对建业里进行了活化更新，建筑功能变为酒店式公寓及商业功能。

建业里的建筑立面保留了标志性的红砖半圆拱形券门，同时使用了全新的贴面材料（图 5-32）。建业里西弄的更新模式以保护整治为主，其建筑样式具有极高的艺术价值，目前主要有酒店式公寓、工作室单元、沿街的咖啡店、婚纱店等商铺。而建业里中弄和东弄是完全的商业开发，拆除原有的建筑，建设新的仿古风格建筑，社会各界针对建业里的活化更新方式展开了积极的讨论，虽然建业里在商业开发中损失了一定的城市公共空

[1] 罗小未，伍江．上海弄堂［M］．上海：上海人民美术出版社，1997。

间，其部分拆除重建的方式也有很多人不认可，但建业里的活化更新无疑给里弄的功能转型提供了新的思路，也为后续上海历史文化风貌保护区非保护类里弄街坊活化更新奠定了一定的基础。

图 5-32　活化更新后的建业里

其次，保留建筑立面中的重要细部特征，以更好地传承里弄文化。目前，上海城市更新的速度开始加快，已经对一部分里弄街坊进行了民生改造，对厨房、卫生间、楼道、室外活动场地等空间进行了修缮和更新，极大地改善了居民的生活环境。但是对于里弄的更新不仅是对生活环境的改造，更多的是对历史情怀和旧有格调的挖掘和保护，要克服重重阻力和施工困难，对人们最熟悉的传统生活空间进行文化属性的提升。

非保护类里弄街坊的更新是一个长期的过程，在保护、修缮、更新和人文历史传承之间需要找到一个平衡点，结合现代的新媒体、新技术、新材料等创新产物，使传统生活空间可以在新的时代背景下焕发新的文化力量。上海爱民弄位于宁波路 587 弄，原名慈安里，是 20 世纪初上海的一位犹太裔房地产大亨哈同在1931年建造的，随着时间的推移和居住人群的变迁，爱民弄变得破旧、杂乱不堪，巷弄空间被侵占，各类设施破损严重。设计师选取了12个节点进行更新改造，包括弄堂口、巷弄空间、生活设施等，替换掉原有的老旧设施，提升了整个空间的环境品质和文化属性。例如原有的弄堂口破旧不堪，堆放了很多杂物，设计师重新设计了门头和大门，使入口门头回归原有立面风格，不再被周边的店招所埋没，同时在入口空间增加了吊顶和展示背景墙，展示爱民弄的历史和现在，讲述解放初期好八连曾露宿在此的故事（图5-33～图5-35）。好八连与街道、居委会始终保持共建关系，体现军民的鱼水深情，留下很多佳话，爱民弄的更新加深了人们对这段历史渊源的了解，增强了当地居民的文化自信和文化自豪感，让那些人们记忆中的经典事迹重新变得鲜活起来。

图5-33　爱民弄入口旧照

图5-34　更新后的里弄入口

图5-35　里弄入口空间的文化展示墙

## 5.4.2　调整里弄内部空间格局

非保护类里弄的活化更新预示着里弄整体功能的置换，里弄建筑原本为居住功能，因此，活化更新受内部空间特征的影响较大。在建筑改造过程中，需要对建筑内部的空间格局做出相应的改变，使之充分契合新的功能。针对里弄建筑空间单一、尺度较小等问题，需要结合新功能进行创新改造，使里弄建筑重新焕发生机。

首先，要按照新的功能需求调整里弄内部空间模式。田子坊是上海里弄活化更新的典型代表之一，更新时在里弄空间中植入了艺术家工作室、手工艺品商店、咖啡店等多种功能，使里弄空间与现代文化、商业空间有机融为一体。田子坊位于黄浦区的西侧，位于泰康路北、建国中路以南、思南路西侧、瑞金二路东侧，紧邻 9 号线打浦桥地铁站，地处曾经的法租界的范围内，临近衡山路—复兴路历史文化风貌保护区，是上海里弄活化更新中，文旅转型较为成功的代表。从原先的居住功能转化成文化创意产业空间，田子坊成为艺术家、文化商人的集聚天堂，其中的创意画廊、艺术咖啡馆、古玩店、文艺茶馆、绿色信箱、家居摆设、手工艺品都体现着上海的历史文化和艺术气息（图 5-36）。由于田子坊在创意产业领域更新成功，2004 年田子坊入选上海首批文化创意产业园区，紧接着成为上海最具影响力的创意产业集聚区、最具影响力的文化品牌[1]。与此同时，为进一步加强创意文化产业的集聚效果，田子坊还不断向周边区域辐射自身的影响力，增强了区域产业化联动，为上海文化产业的发展带来了新契机。

图 5-36　更新后的田子坊

其次，对里弄建筑内部的非承重墙体进行调整，使其适应新功能下的空间需求。重组里弄内部空间时，可以通过拆除局部楼面垂直合并空间，

[1] 汪明峰，周媛．权力-空间视角下城市文创旅游空间的生产与演化：以上海田子坊为例[J]. 地理研究，2022，41（2）：373-389。

也可以通过拆除墙体水平合并空间，还可将非结构性隔墙一并拆除，从而获得连通的内部空间。

杭州市萧山区河上镇的传统村落更新改造将传统民居改造成纸博物馆，使其成为融合纸文化展示、文化体验与休憩功能的公共文化空间。通过置换内部功能改变原有建筑格局，通过拆除部分墙体和楼板来整合室内空间，完善室内功能（图5-37）。改变建筑内部功能，增设展示空间、艺术教室等现代空间（图5-38、图5-39）。这种传统建筑再利用的方式对于里弄活化更新来说亦有参考价值。

1. 原旗杆墙建筑群居住格局

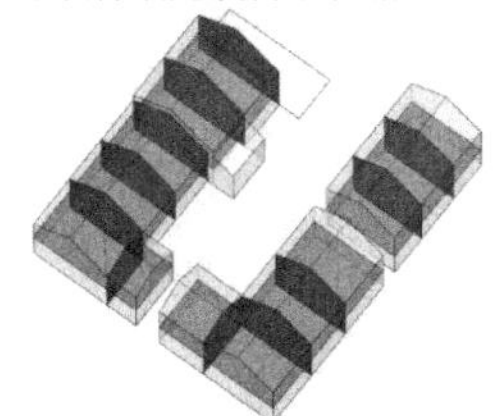

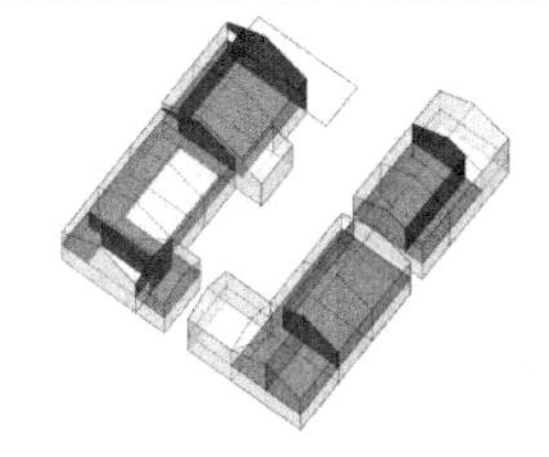

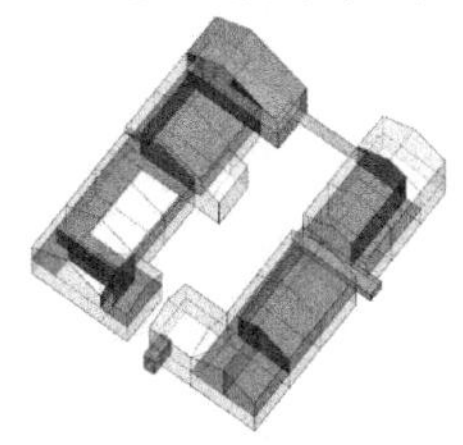

图5-37　建筑室内空间格局的更新[1]

图5-38　更新后的楼梯间[1]

图5-39　更新后的展示空间[1]

## 5.4.3　内部增设必要的交通空间

活化更新时，由于内部功能发生改变，里弄内部交通空间也需要有所改变，尤其是空间的人流量增大时，水平和垂直方向的交通空间都是活化

[1]　图片来源：http：//tv. thupdi. com。

更新设计中需要重点考虑的问题，这会直接影响到人们对里弄空间的使用体验。水平交通空间的改动主要是增加必要的门厅、走廊、过道等，垂直交通空间的改动主要是增加必要的电梯、楼梯等，同时，还需要增加必要的过厅、连廊等来串联各个空间，以保证活化更新后里弄内部具有流畅的空间动线。

交通空间是提升里弄内部空间环境体验的重要一环，在很大程度上影响了使用者在空间中的直观感受。交通空间不应该是使用空间的剩余领域，而应该是一种积极的空间，有明确的目的和组织原则。民生码头八万吨筒仓活化更新项目中，设计师对竖向交通空间也进行了整合，从原有的 30 个筒仓中选取 5 个筒仓进行改造，结合平面布置，将其整合为新的竖向交通体系，很好地解决了更新后展览空间的交通问题和疏散问题（图 5-40、图 5-41）。

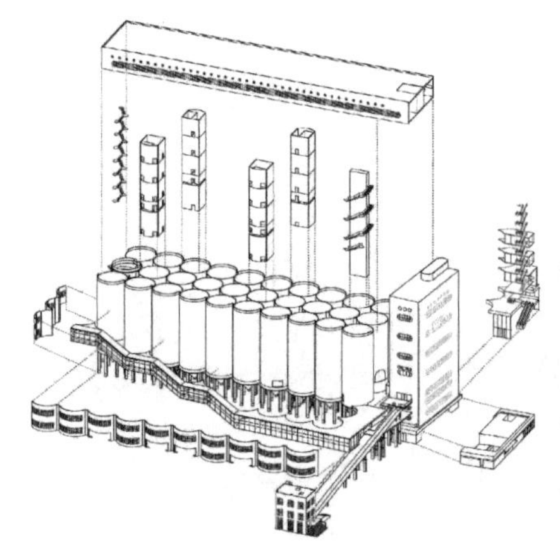

图 5-40　筒仓竖向交通更新[1]

图 5-41　筒仓内竖向电梯和螺旋楼梯[1]

## 5.5　里弄空间格局活化更新路径

### 5.5.1　保证交通顺畅

里弄作为一种特殊的街区形式，其本质是由主弄与支弄组成的街巷空间，现有许多里弄内部交通存在复杂的道路问题，在改造时可以梳理街巷

[1]　民生码头八万吨筒仓改造［J］. 建筑实践，2019，9（07）：66-71。

结构，分类归纳，针对不同功能进行不同的设计改造。整体上可以通过拆除部分老旧且没有保护价值的建筑来拓宽局部公共活动空间，确保新的巷弄空间交通顺畅。

首先，要梳理和拓宽一部分巷弄空间，保证内外交通顺畅。宁波中心城区的莲桥街位于宁波的历史遗存文化风貌协调区内，在更新改造过程中，设计师对原有不顺畅的空间格局进行调整，对巷弄结构进行了系统分析，通过拆除部分老旧建筑来增加巷弄空间的尺寸，以此来保证交通的顺畅，同时通过拆除建筑来增加新的交通路线以沟通内外，以此形成了更为科学合理的交通体系（图 5-42）。福州三坊七巷位于福建省福州市鼓楼区，北临杨桥东路，东临八一七北路，紧邻东街口地铁站，总占地面积 45 公顷，涵盖了众多艺术站、展示馆、戏台、雕塑馆、纪念馆等建筑空间。其内部具有明确的交通体系，“三坊”即衣锦坊、文儒坊和光禄坊，“七巷”

图 5-42　莲桥街的更新[1]

[1]　宁波莲桥街历史街区保护与改造［J］. 城市建筑，2018，270（01）：80-91。

即杨桥巷、郎官巷、安民巷、黄巷、塔巷、宫巷和吉庇巷。街巷内部还介绍了传统的街巷、坊巷、古街、古道的历史轨迹，整洁的街区容貌、马鞍墙、门窗扇的雕饰、青砖小瓦、飞檐翘角，这些都蕴涵着当地丰富的历史文化气息（图5-43）。

图5-43 三坊七巷的更新

其次，通过多层次的公共空间对里弄街坊的室外交通空间进行合理组织。福州苍霞历史文化街区曾是福州重要的商业贸易港口，形成了独特的风土人情和地域文化，其坐落于闽江江畔，地理位置优越，环境优美。苍霞历史文化街区的活化更新在保护原住民住宅的同时，还置入了一些商业形态和文化展示区，形成了“住宅+商业+文化”的混合模式。在整合街巷空间方面，设计师对原有巷弄空间进行织补和整合，在旧的交通体系的基础上，根据新的功能需求重新梳理交通组织框架，给人们创造顺畅的交通体验，提升整个片区的城市活力（图5-44）。在街巷空间的更新中，将

图5-44 苍霞历史文化街区平面图[1]

[1] 图片来源：http://jundinc.com.cn。

苍霞的人文百态体现在多元的空间形态中，不同的街巷空间有不同的功能和形态，共同拼贴出一副多彩繁荣的城市景象。尤其是在高密度的街坊空间中，适当打破原有尺度，利用有序的公共开放空间创造新的交通节点，在保证交通顺畅的基础上，营造丰富有趣的步行体验。此外，利用古树广场和口袋广场等空间形式打造步行路线上的交通节点，不同尺度的共享广场给巷弄的直线型空间带来了更丰富的变化，人们可以在这里聚集、驻足、休息，极大地丰富了原有的街巷结构和交通体系（图5-45、图5-46）。

图5-45　古树广场[1]

图5-46　口袋广场[1]

## 5.5.2　巷弄肌理的原真性保护

里弄街坊的巷弄肌理是其典型特征之一，里弄街坊是上海海派文化的集中体现，其保存价值很大程度上来自里弄“自发组织”形成的巷弄肌理。上海历史文化风貌保护区中的非保护类里弄街坊的巷弄肌理虽然不会如保护建筑那样明显，但是其基本肌理还是值得进行原真性保护的，这也是城市历史肌理的重要组成部分。

[1] 图片来源：http：//jundinc. com. cn。

在上海历史文化风貌保护区非保护类里弄街坊的活化更新中，对里弄巷弄肌理的原真性保护要分级别对待。针对具有重要文化意义和遗产保护价值的巷弄，可采用修旧如旧的手法，通过维持现状、谨慎修复来保护原真性；针对能反映一定时代特征和传统风貌的巷弄，采用存表去里的保护模式，完善基础设施并置换其内部功能；针对与整体风貌不协调，不具备历史保护价值的巷弄街道，采用创新再生的模式，融合新文化、新科技全面更新。在进行活化更新时应该深入挖掘场所记忆，打造具有历史底蕴的节点，如建筑、古树等，围绕这些节点进行设计可以极大程度唤醒人们对于该地区的场所记忆。

首先，想要保持里弄巷弄肌理的原真性，就要充分尊重历史风貌。广州永庆坊位于荔湾区恩宁路，有着极具人文底蕴的老西关，荔湾区西关历史文化街区具有骑楼街、荔枝湾涌、粤剧艺术博物馆、金声电影院、美食铜艺等体现闽南文化特色的节点。近几年永庆坊以保护优先、恢复历史格局为理念，做好文化传承，给老城注入了新活力，促进了闽南文化的交流和传承（图 5-47）。在永庆坊的街巷规划方面，保留空间的原有肌理，分成一期、二期来动工，一期保留“一纵两横”的街巷网格，二期保留“三横五纵”的空间格局，建筑采取“绣花针”式的小规模改造。第一，改善历史街区的基础设施（排水、卫生、通信、照明等）；第二，恢复道路的原先面貌，重现原汁原味的岭南道路风貌；第三，利用场地的瓦片、麻石、青砖等材料，以传统的建筑手法来营造永庆坊的古老氛围感。在公共空间设计方面，以荔枝湾为景观主体，恢复永庆坊的历史风貌及岭南小桥流水的市井风味，将永庆坊的历史风貌、道路规划、自然水系、人流动线、公共空间等，以景观设计的手法进行整体化处理，形成舒适宜人的道路和公共空间。永庆坊以“传统文化 + 新活力”的特色建设成为当代城市历史文化街区活化更新的成功案例之一，西区以“粤韵西区”为主题，突出非遗传承、国粹文化、文创产品（图 5-48）；东区以“风尚东区”为主题，打造潮流文化、时尚先锋等。此外，在特色街区建设中，还融入了传统文化表演、博物馆展示、餐饮住宿、文创售卖、咖啡办公等多元业态服务，焕发永庆坊的新活力。

图 5-47　活化更新后的永庆坊街巷

图 5-48　活化更新后的永庆坊中的非物质文化遗产传承

其次，保护巷弄肌理要延续里弄街坊的历史场所感。宁波莲桥街的活化更新，很好地保护和传承了巷弄肌理的原真性和场所记忆，整体采用修旧如旧的手法，通过还原巷弄肌理的历史风貌保护其原真性，在建筑特征以及巷弄尺度方面最大程度维持原有风貌。同时，分析了场所具有浓厚底蕴的节点以及故事，围绕节点展开活化更新设计。以“莲桥塔影”为主题，采用借景的手法还原古时巷弄风貌，保留场地中历史悠久的古树，以古树为节点进行规划，延续了街巷的历史记忆和历史场所感（图 5-49）。

图 5-49　莲桥塔影与古树

### 5.5.3 拥有便捷的出入口

上海里弄依靠围墙分割空间，在以往的巷弄空间中，往往都是只有“里”能够联通外部空间，“弄”负责连通内部交通。但是，具有便捷的出入口对里弄活化更新后的空间格局至关重要。原本的里弄空间与外界的交通联系较弱，只有很少的出入口，从里弄外部进入巷弄内部的可达性弱。在非保护类里弄街坊活化更新中，可以通过增加景观节点的方式连通里弄外部交通，打破以往的空间封闭感，确保里弄与外部城市空间有着便捷的交通联系，形成多通路、可达性高的交通体系。

首先，里弄中的出入口是关系到大众体验的重要部分。在上海历史文化风貌保护区中，可以借助对里弄空间格局的细微调整，实现功能性和人文性的双重提升。上海历史文化风貌保护区中拥有大量的人文历史遗迹，大到历史建筑，小到一扇门、一块地砖，都是宝贵的城市发展印记，随着城市发展逐渐由增量改为存量，上海大量的风貌保护区正等待着被更新改造，完成一次完美的蜕变。非保护类里弄街坊在活化更新后往往具有多个出入口，与城市空间相互贯通，出入口的设计关系到整个里弄街坊的步行体验和人文感知。广州恩宁路中的永庆坊在晚清开埠时期曾是中国南部的经济核心区域，永庆坊经过活化更新形成了以老字号商铺为主的文化旅游街区，改造时利用街巷景观将街巷内外交通贯通一体，梳理出主要出入口和内外交通的关系，使得巷弄内部与外部巧妙联系起来（图 5-50）。

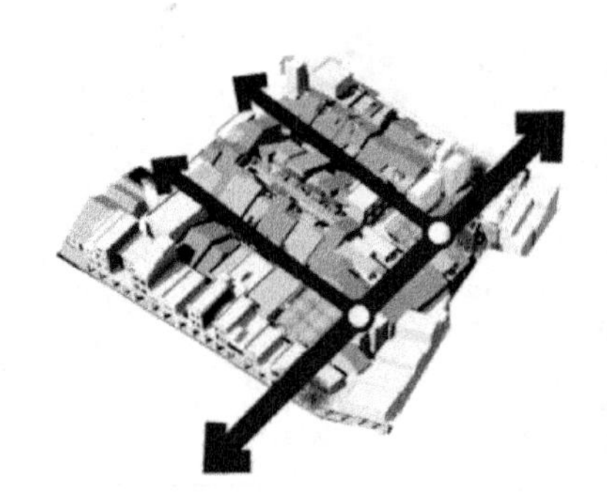

图 5-50　永庆坊内部交通和出入口梳理

其次，里弄街坊空间出入口设计要结合历史文化印记提升文化感知度。城市是一本历史与现实交汇的厚重书籍，也是一个需要不断更新的鲜活生命体，每个城市在发展历程中都留下了很多宝贵的历史印迹和文化遗产[1]。目前，上海历史文化风貌保护区的更新策略正在由原来的“大拆大建”逐渐转化为以保护为主，设计里弄街坊出入口时，可选择性保留街区中有价值的设施、构件、铺地等历史印记，根据新的使用需求在出入口位置进行创新性改造设计，使出入口成为体现历史文化特色的代表性节点。现代的技术和艺术极大地放大了材料、色彩和构造的表现效果，设计师可以有更多元化、更个性化的尝试，将风貌保护区中的历史印记与街区出入口形象融合在一起，把人们的记忆带回到那段历史岁月中。历史印记的巧妙利用是展示城市人文积淀的有效方式，如何在现代环境中将历史文脉的精髓延续下去，城市历史印记的利用方式和展示手段值得我们不断地进行思考。

上生・新所位于上海新华路历史文化风貌区内，从20世纪20年代哥伦比亚生活圈，到后来的上海生物制品研究所办公地点，街区内部拥有近百年时间形成的街区肌理和环境[2]，留下了20世纪不同年代的人文历史印记，拥有哥伦比亚乡村俱乐部等三处历史建筑。目前上生・新所街区已活化更新为集商业、办公、休闲为一体的活力街区，其街区和主要建筑出入口的设计是将原有的历史印记纳入出入口，使其成为人们感知历史文脉的记忆点。上生・新所活化更新保护了历史建筑自身的特色，在出入口设计中利用新材料、新手法，给人一种全新的体验。设计师在街区出入口和主要路口等重要位置，将上生・新所的历史介绍和导视系统结合，通过地图人们可以很清晰地了解上生・新所的建立和发展的历程。铺地也做了特殊的处理，能清晰地指引出原来哥伦比亚大道的位置，结合两边不同时期不同风格的建筑，人们走在路面上就可以感受到厚重的历史积淀。整个街

[1] 代兵兵．创意城市路径下的城市再生行动研究：以台北市都市再生前进基地计划为例［J］．现代城市研究，2018（1）：17-24。

[2] 潘文静，徐轩轩，张娅薇．城市更新中的历史文化传承与更新策略研究：以上海上生新所为例［J］．城市建筑，2020，17（4）：164-168。

区的路灯、导视牌、铺地、花池等元素充分与历史环境相联系，让人们时刻感受到历史的痕迹和时代的记忆（图 5-51）。另外，在海军俱乐部的入口处，设计师以导视牌与地面铺装指引相结合的方式，将历史印记表达得更加充分，巧妙地保留了原有墙壁上的一扇铁门，让其与现代简洁的导视标识相结合，既提供了清晰明确的导引信息，又使人感受到了历史厚重的积淀（图 5-52）。

图 5-51　结合历史印记和文化展示的交通节点

图 5-52　海军俱乐部出入口及其周边导视

整合街区空间格局可以有效改善狭窄巷弄空间与人们的生活需求、文化需求之间的矛盾，通过城市历史印记的活化利用，唤起人们的历史记忆。对历史印记的保留和多元化利用既可以使上海风貌保护区的文脉得以传承，又可以极大地提升大众对人文历史的认知，让人领略街区当年的风采。结合了历史痕迹的里弄出入口活化更新设计承载了人们对城市的历史记忆，也让城市在发展中留下的宝贵印记在当下更显人文魅力。我们仍需探索更多的与人文历史展示相结合的活化更新路径，使上海风貌保护区的历史文化品牌更加深入人心，在新的时代背景下焕发出新的活力。

# 后　记

上海历史文化风貌保护区非保护类里弄街坊包含了丰富的城市遗产，是城市人文历史精髓的体现，具有极高的艺术价值，因而受到各界关注。非保护类里弄街坊的活化更新给城市发展带来了新的契机，为上海风貌保护区的文化传承提供了创新思路。本书从上海风貌保护区非保护类里弄街坊活化更新的认知传承、系统构成、评价体系和更新路径四个方面进行了研究，探索了构建上海风貌保护区非保护类里弄活化更新的多维模式，以增强民众的文化归属感和自豪感，使“上海文化”品牌通过里弄空间这个开放的载体展示和传达给大众，为上海市探讨高效、直接、持续的上海风貌保护区里弄人文历史传承路径提供一定的参考。

上海风貌保护区中的非保护类里弄街坊活化更新是一个长期、持续的过程，需要在城市发展、人文历史保护与传承之间找到一个平衡点，结合现代的新媒体、新技术、新科技等创新产物，使上海风貌保护区可以在新的时代背景下焕发出新的文化活力。本书的研究为上海风貌保护区的文化传承和上海文化品牌的构建开拓了新的视角，活化更新是上海城市发展的必然需求，该方向的研究具有较强的应用性和实践性。当前上海风貌保护区的非保护类里弄活化更新项目越来越多，社会多方力量也都积极地参与其中，所涉及的内容极为庞杂。因此，本书的研究仅是立足于当前阶段的探索性工作，未来仍需保持对上海风貌保护区的非保护类里弄街坊活化更新进行持续的关注，展开更为深入和全面的研究。希望本书的研究可以引发社会和公众对上海风貌保护区非保护类里弄活化更新的进一步关注，扩大上海风貌保护区的文化影响力度和影响范围。

# 附　录

## 上海历史文化风貌区里弄人文历史特色调研

本书分类整理了上海市中心12片历史文化风貌区里弄人文历史特色的详细资料并对其进行了调研，包括上海历史文化风貌区里弄人文历史特色分布、总体风貌特征、历史建筑风貌、重要历史事件、名人事迹和故居等详细情况，由于篇幅有限，在此仅列举一部分内容。

### 南京西路历史文化风貌区

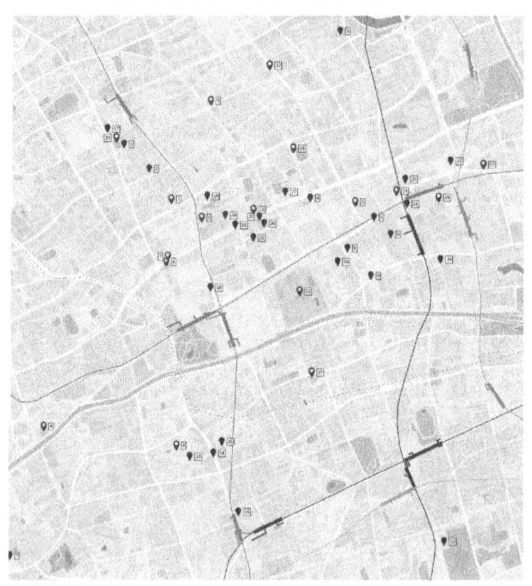

居住空间

公共空间

**风貌特色**

本风貌区公共建筑以上海展览中心为代表，此外还有儿童医院、怀恩堂、美琪大戏院等富有特色的公共建筑。建筑造型优美匀称、细部刻画丰富细致。风貌区包罗了各种类型的住宅建筑，其中花园住宅和公寓为当时中上层人士居住，不乏著名设计师的作品或名人居所，建筑风格多样，体现较高的艺术水准；以静安别墅为代表的里弄住宅，规模较大较完整，布局规整，建筑风格统一协调又不乏细节的处理变化，有较高的艺术人文价值。

| 序号 | 名称 | 年代 | 地址 | 特征 | 备注 | 图片 |
|---|---|---|---|---|---|---|
| 1 | 海关图书馆旧址 | 1931 | 新闸路1708号 | 上海市第五批优秀历史建筑：钢筋混凝土结构 | 前身为海关总税务司图书室，亦称“赫德图书馆”。经过整理，成为一个公开的参考图书馆 | |
| 2 | 佛教居士林 | 1918 | 常德路418号 | 上海市第四批优秀历史保护建筑：砖木结构，中国传统庙宇建筑 | 原名“南国大佛寺”，觉园部分作为佛教居士林社址，南厢房曾是赵朴初旧居 | |
| 3 | 圆明讲堂 | 1934 | 延安西路434号 | 上海市第三次全国文物普查不可移动文物名录 | 现代名僧圆瑛的道场，由弟子顾莲成夫妇捐赠 | |
| 4 | 国立暨南大学旧址 | 1946—1949 | 康定路528号 | 上海市第三次全国文物普查不可移动文物名录：砖混结构，白色建筑外立面 | 1937年暨南大学真如校区夷为废墟，被迫迁入公共租界此地继续办学 | |
| 5 | 上海歌剧院 | 1956 | 常熟路100弄10号 | 上海市优秀历史建筑：砖混结构，新古典主义 | 原为中央储备银行，现这幢房子归上海歌剧舞剧院使用 | |

**历史事件**

| 序号 | 年代 | 事件 |
|---|---|---|
| 1 | 1843 | 英国在上海开辟租界前，首先划定外滩一带江面为其船只的“下错地段” |
| 2 | 1845 | 《上海土地章程》把外滩以西的830亩土地划为英租界 |
| 3 | 1849 | 法国殖民者也抢占外滩建立了法租界 |
| 4 | 854—1941 | 外滩出现十余家外资银行和中资银行，成为上海的金融中心 |
| 5 | 1873 | 位于外滩源的英国领事馆建成 |
| 6 | 1897 | 中国第一家商办银行在外滩成立 |
| 7 | 1905 | 中国第一家国家银行——户部银行在外滩设立分行 |
| 8 | 1908 | 交通银行在外滩设立上海分行 |
| 9 | 1937 | 中国银行大楼建成，该楼是外滩建筑中唯一一幢由中国人自己设计和建造的大楼 |
| 10 | 1945 | 民国三十四年（1945年），抗日战争取得胜利，中国收回租界管理权 |
| 11 | 1948 | 交通银行大楼建成 |
| 12 | 1979 | 在改革开放的背景下，上海新建的各类金融机构和金融要素市场都首先落户于外滩；众多外资银行回归外滩 |
| 13 | 2010 | 外滩全面完成改造工程 |

### *荣康别墅*

**1. 地址：**常熟路104、108、112弄、116弄

**2. 建成时间：**1939年

**3. 简介：**

该处原系私人花园住宅，民国20年改为正始中学，民国25年中学迁移，由荣康地产公司改建成砖木结构三层楼新式里弄住宅，共6排，52个单元。建筑面积9910平方米。以公司名定名荣康别墅。建筑单体为混合结构三层楼房，平屋顶。

**4. 名人事迹：**

黄炎培（1878年10月1日—1965年12月21日），中国近代爱国主义者和民主主义教育家。1908年与董世亨等共同创办浦东电器股份有限公司，为浦东最早的供电设施。1917年赴英考察，同年5月6日，联络教育界、实业界知名人士在上海发起中华职业教育社。先后创办了重庆中华职业学校、上海和重庆的中华工商专科学校、镇江女子职校等学校。黄炎培的文章峭拔清健、傲岸不群，他的职业教育思想影响着中国的职业教育实践。

### *犹太人总会*

**1. 地址：**南京西路722号

**2. 建成时间：**1911年

**3. 简介：**

曾经是叶贻铨（上海巨贾叶澄衷之子）的住宅，模仿文艺复兴时期建筑风格，内设一个豪华舞厅。府邸前有较大庭院，建筑面积约为1800平方米。屋面为低坡度四坡屋顶，红色平瓦。主入口有两柱拱券门廊，地坪用汉白玉和黑色大理石拼花。

这座宅邸曾为上海市政协办公楼、上海市联谊俱乐部，现为春兰集团总部。

（由于篇幅有限，其他调研资料从略）

# 参 考 文 献


[1] 程晓青，尹思谨，王辉．大栅栏微更新［M］. 北京：清华大学出版社，2019.

[2] 韦峰，徐维涛，崔敏敏．历史街区保护更新理论与实践［M］. 北京：化学工业出版社，2020.

[3] 刘宝国．历史文化街区保护：对姜堰北大街城市更新的实践与思考［M］. 北京：中国建筑工业出版社，2013.

[4] 王广振，徐嘉琳，李侑珊．老城复兴：青岛市北历史文化街区的保护与更新［M］. 济南：山东人民出版社，2020.

[5] 上海通志馆，《上海滩》杂志编辑部．城市之光：上海老城区风貌忆旧［M］. 上海：上海大学出版社，2020.

[6] 沙永杰，纪雁，钱宗灏．上海武康路：风貌保护道路的历史研究与保护规划探索［M］. 上海：同济大学出版社，2019.

[7] 惜珍．永不飘散的风情：上海的历史文化风貌区［M］. 上海：东方出版中心，2009.

[8] 罗小未，伍江．上海弄堂［M］. 上海：上海人民美术出版社，1997.

[9] 盖尔．人性化的城市［M］. 欧阳文，徐哲文，译．北京：中国建筑工业出版社，2010：21.

[10] 车文博．人本主义心理学［M］. 杭州：浙江教育出版社，2003：124-129.

[11] 盖尔．交往与空间［M］. 何人可，译．北京：中国建筑工业出版社，2002：12-35.

[12] 苏蓉蓉．上海市历史文化风貌区更新规划思路与路径探讨［J］. 规划师，2019，35（1）：38-44.

[13] 张如翔．石库门里弄保护更新策略探讨：以上海市建业里改造设计为例［J］. 中外建筑，2018（12）：99-101.

[14] 郭诗洁．历史街区更新模式及实施路径初探［J］. 华中建筑，2020，38（7）：112-116.

[15] 张振，刘婉如．日常生活视角下北京东四历史街区保护和更新［J］. 工业建筑，2019，49（3）：63-70.

［16］阮仪三．历史文化遗产保护的思考与理性回归［J］．上海城市规划，2011（4）：3-6.
［17］张松．上海的历史风貌保护与城市形象塑造［J］．上海城市规划，2011（4）：44-52.
［18］王鹏．新媒体与城市规划公众参与［J］．上海城市规划，2014（5）：21-25.
［19］冯瑞霞，刘峻岩．历史文化街区的保护与开发策略［J］．河北建筑工程学院学报，2020，38（2）：46-48.
［20］潘文静，徐轩轩，张娅薇．城市更新中的历史文化传承与更新策略研究：以上海上生新所为例［J］．城市建筑，2020，17（4）：164-168.
［21］姚天航．创意激发海派文化活力［J］．艺术科技，2016，29（8）：404.
［22］万婷婷．社会可持续视角下的历史街区保护更新策略：以法国图尔为例［J］．城市发展研究，2021，28（1）：94-103.
［23］秦海东，胡李平．基于城市触媒效应的传统商业街区微更新策略［J］．规划师，2019，35（S1）：81-86.
［24］黄健文，朱雪梅，张伟国．复杂网络理论视角下的历史街区微更新实效性初析：以江门长堤历史街区为例［J］．城市发展研究，2019，26（01）：1-7.
［25］谭俊杰，常江，谢涤湘．广州市恩宁路永庆坊微改造探索［J］．规划师，2018，34（8）：62-67.
［26］黄勇，石亚灵．国内外历史街区保护更新规划与实践评述及启示［J］．规划师，2015（4）：98-104.
［27］高泽仁，周丰，赵庆佳，等．光电滑环性能动态检测技术研究［J］．中国电子科学研究院学报，2018，13（2）：174-180.
［28］周鑫．地域文化符号在当今公共设施设计中的传承与创新［J］．美术大观，2016（4）：134.
［29］回晓娟．城市纪念性广场中的街道家具设计研究［J］．艺术与设计（理论），2019，2（5）：69-71.
［30］郭大耀．城市公共设施设计中地域文化符号的融入［J］．包装工程，2018，39（16）：252-255.
［31］肖丽，熊炎，赵宏亚，等．红色文化在江西城市家具建构中的化归与呈现［J］．包装工程，2019，40（24）：337-344.
［32］冯兴保．城市公共设施设计中的地域文化符号研究［J］．美术大观，2018（11）：102-103.

[33] 彭朋．街道家具的美学问题研究 [J]. 设计，2018（15）：14-15.
[34] 王廷廷．基于城市体验视角的城市街道家具设置与优化研究：以厦门为例 [J]. 工业设计，2017（11）：22-23.
[35] 赵宝静．浅议人性化的街道设计 [J]. 上海城市规划，2016（2）：59-63.
[36] 李小云．包容性设计：面向全龄社区目标的公共空间更新策略 [J]. 城市发展研究，2019，26（11）：27-31.
[37] 樊钧，唐皓明，叶宇．街道慢行品质的多维度评价与导控策略：基于多源城市数据的整合分析 [J]. 规划师，2019，35（14）：5-11.
[38] 纪球，马克·马尔塞涅．欧洲智慧城市家具设计孵化研究：以意大利智慧花园设计为例 [J]. 装饰，2019（7）：35-39.
[39] 陈挥，李明明．建党精神与红色文化基因 [J]. 党政论坛，2020（1）：13-16.
[40] 侯可新．红色文化元素融入产品设计的路径研究 [J]. 包装工程，2020，41（8）：323-326.
[41] 李彦伯，陈珝怡．里弄微更新：一项以问题导向社会空间再生的建筑学教育实验 [J]. 建筑学报，2018（1）：107-111.
[42] 侯晓蕾．基于社区营造的城市公共空间微更新探讨 [J]. 风景园林，2019，26（6）：8-12.
[43] 杜军，刘春尧，任思林．接受心理视域下的红色文化创意产品设计研究 [J]. 包装工程，2020，41（8）：154-159.
[44] 卢文杰．面向三明红色文化的知识服务云平台与数字创意设计实践 [J]. 广西科技师范学院学报，2018，33（6）：134-136.
[45] 潘志庚，袁庆曙，陈胜男，等．文化遗产数字化展示与互动技术研究与进展 [J]. 浙江大学学报（理学版），2020，47（3）：261-273.
[46] 李瑊．关于老渔阳里 2 号开发与保护的历史考察 [J]. 上海党史与党建，2019（11）：9-14.
[47] 孔翠婷，潘沪生，张烈．具身认知视角下的博物馆体感交互设计研究 [J]. 装饰，2020（3）：90-93.
[48] 詹秦川，赵洋．基于新媒体技术的乾陵大遗址数字化展示 [J]. 包装工程，2020，41（4）：306-311.
[49] 徐赣丽．当代城市空间的混杂性：以上海田子坊为例 [J]. 华东师范大学学报（哲学社会科学版），2019，51（2）：117-127.

[50] 陈雷音，陈洋平，陆峰．工业遗产园区的导视系统设计研究：兼谈南京 1865 创意产业园现状及改进［J］．北京印刷学院学报，2020，28（6）：37-40.

[51] 何玉莲，章宏泽．环境图形设计在城市更新中的应用［J］．包装工程，2020，41（8）：246-252.

[52] 牛丽．基于文化遗产视角的古城空间导视系统现代诠释［J］．工业建筑，2020，50（4）：201-203.

[53] 滕有平，陈双秀．基于场所精神的历史街区导视系统优化研究：以上海田子坊为例［J］．中国名城，2019（10）：79-84.

[54] 杨恺雯．扬州民俗文化元素在旅游导视系统中的应用设计［J］．中国包装，2019，39（8）：29-32.

[55] 陈立民，苟潇冉．基于传承保护的川藏铁路交通旅游导视系统研究［J］．包装工程，2020，41（12）：275-280.

[56] 张洪梅．城市文化景观导视系统设计研究［J］．包装工程，2020，41（12）：281-283.

[57] 谭俊杰，常江，谢涤湘．广州市恩宁路永庆坊微改造探索［J］．规划师，2018，34（8）：62-67.

[58] 朱晓君．从“新天地”到“思南公馆”谈上海特色街区的发展与未来［J］．中国园林，2019，35（S2）：24-27.

[59] 汪哲皞，刘欣慧．信息设计视野下的公共空间导视系统设计：以浙江工业大学 1-A 区块导视系统为例［J］．建筑与文化，2020（5）：187-188.

[60] 代兵兵．创意城市路径下的城市再生行动研究：以台北市都市再生前进基地计划为例［J］．现代城市研究，2018（1）：17-24.

[61] 秦龙．基于体验视角的森林公园交互式导视设计［J］．华南师范大学学报（社会科学版），2018（7）：184-188.

[62] 张娜婷，郃杰．城市建筑导视系统的国外设计案例研究［J］．设计，2019，32（5）：150-151.

[63] 曹莉蕊．回归人本的设计：对设计心理学应用之探讨［J］．艺术与设计，2012，2（4）：37-39.

[64] 姚兢．非典型历史街区再生：上海泰康路街区空间形态演化研究［D］．上海：同济大学，2008：44.

[65] 张俊．老城区旧里弄的文化功能转化与再造：以上海为例［J］．上海城市管理，

2016，25（4）：31-34.
［66］陈云霞．老城厢更新与上海精神文化地标打造［J］．上海文化，2021（12）：95-100.
［67］孙施文，周宇．上海田子坊地区更新机制研究［J］．城市规划学刊，2015（1）：39-45.
［68］刘建国．基于人文地域需求的旧建筑改造更新设计［J］．建筑结构，2021，51（21）：155-156.
［69］周颖，李占鸿，金毅．建筑更新改造过程中对周边历史建筑保护的监测技术探究［J］．建筑结构，2020，50（S2）：644-647.
［70］祁祖尧．历史街区市政工程规划适应性研究与探索：以拉萨八廓街为例［J］．给水排水，2021，57（2）：61-66.
［71］谢涤湘，朱雪梅．社会冲突、利益博弈与历史街区更新改造：以广州市恩宁路为例［J］．城市发展研究，2014，21（3）：86-92.
［72］何依，邓巍．历史街区建筑肌理的原型与类型研究［J］．城市规划，2014，38（8）：57-62.
［73］钱凡．存量背景下上海城市绿地更新改造设计探究［J］．中国园林，2021，37（S2）：41-45.
［74］刘会晓，邱小亮，耿红生．焦作市中心城区旧城更新规划探析［J］．规划师，2021，37（22）：66-73.
［75］陈鹏，卞硕尉，李俊．从“生存着的街坊”到“生活着的街坊”：上海风貌保护街坊保护规划的对策初探［J］．上海城市规划，2021（1）：98-104.
［76］张兵．城乡历史文化聚落：文化遗产区域整体保护的新类型［J］．城市规划学刊，2015（6）：5-11.
［77］张文力，严永红．基于后消费时代景观社会视角的成都太古里街区的更新研究［J］．工业建筑，2021，51（11）：54-61.
［78］茹晓琳，线实，顾忠华．基于列斐伏尔空间生产理论的城市更新空间异化研究：以广州市恩宁路为例［J］．现代城市研究，2020（11）：101-109.
［79］胡小武，何平．从“绅士化”到“超级绅士化”：大城市中心城区空间更新“奢侈化”趋势研究［J］．河北学刊，2021，41（2）：190-197.
［80］郭睿，郑伯红．城市文化风貌物质载体的量化研究［J］．经济地理，2020，40（11）：208-214.

［81］蔡云楠，杨宵节，李冬凌．城市老旧小区“微改造”的内容与对策研究［J］．城市发展研究，2017，24（4）：29-34.
［82］叶露，王亮，王畅．历史文化街区的“微更新”：南京老门东三条营地块设计研究［J］．建筑学报，2017（4）：82-86.
［83］张松．城市生活遗产保护传承机制建设的理念及路径：上海历史风貌保护实践的经验与挑战［J］．城市规划学刊，2021（6）：100-108.
［84］温士贤，廖健豪，蔡浩辉，等．城镇化进程中历史街区的空间重构与文化实践：广州永庆坊案例［J］．地理科学进展，2021，40（1）：161-170.
［85］曹越皓，杨培峰，庄凯月．基于机器学习的历史空间感知测度研究［J］．规划师，2021，37（23）：67-73.
［86］李胜，辛士波．世界一线城市历史商业街区顾客满意度影响因素分析：以北京坊为例［J］．商业经济研究，2021（24）：81-85.
［87］刘斌，杨钊．城市历史文化街区旅游化发展问题研究：基于北京南锣鼓巷的旅游者凝视视角［J］．干旱区资源与环境，2021，35（3）：190-195.
［88］刘海朦，胡静，贾垚焱，等．具身视角下历史文化街区旅游体验质量研究：以江汉路及中山大道历史文化街区为例［J］．华中师范大学学报（自然科学版），2021，55（1）：128-136.
［89］麦咏欣，杨春华，游可欣，等．“文创＋”历史街区空间生产的系统动力学机制：以珠海北山社区为例［J］．地理研究，2021，40（2）：446-461.
［90］熊瑶，严妍．基于人体热舒适度的江南历史街区空间格局研究：以南京高淳老街为例［J］．南京林业大学学报（自然科学版），2021，45（1）：219-226.
［91］刘莹．基于 BCM 的广州历史文化街区品牌形象感知研究［J］．家具与室内装饰，2021（11）：123-127.
［92］谭乐霖．历史文化街区居民旅游发展感知的共识地图构建：基于隐喻抽取技术（ZMET）［J］．西南师范大学学报（自然科学版），2020，45（12）：93-101.
［93］高峻，韩冬．基于内容分析法的城市历史街区意象研究：以上海衡山路—复兴路历史街区为例［J］．旅游科学，2014，28（6）：1-12.
［94］孔翔，王惠，侯铁铖．历史文化商业街经营者的地方感研究：基于黄山市屯溪老街案例［J］．地域研究与开发，2015，34（4）：105-110.
［95］李舒涵，王长松．京杭运河文化遗产空间的声音景观感知研究：以杭州大兜路历史文化街区为例［J］．城市发展研究，2021，28（11）：10-15.

[96] 徐磊青，永昌．传统里弄保护性更新的住户满意度研究：以上海春阳里和承兴里试点为例［J］. 建筑学报，2021（S2）：137-143.

[97] 王成芳，孙一民．基于 GIS 和空间句法的历史街区保护更新规划方法研究：以江门市历史街区为例［J］. 热带地理，2012，32（2）：154-159.

[98] 李建华，张文静，肖少英，等．基于多源数据的五大道历史文化街区健康评估研究［J］. 现代城市研究，2020（6）：79-86.

[99] STEINER F. Frontiers in urban ecological design and planning research [J]. Landscape and Urban Planning，2014，125：304-311.

[100] WANG W，SHU J. Urban renewal can mitigate urban heat islands [J]. Geophysical Research Letters，2020，47（6）.

[101] PENG C，MING T Z，CHENG J Q，et al. Modeling thermal comfort and optimizing local renewal strategies-A case study of Dazhimen neighborhood in Wuhan City [J]. Sustainability，2015，7（3）：3109-3128.

[102] SHAKER R R，ALTMAN Y，DENG C B，et al. Investigating urban heat island through spatial analysis of New York City streetscapes [J]. Journal of Cleaner Production，2019，233：972-992.

[103] CHE W Q，CAO Z R，SHI Y，et al. Renewal and upgrading of a courtyard building in the historic and cultural district of Beijing：Design concept of 'multiple coexistence' and a case study [J]. Indoor and Built Environment，2022，31（2）：522-536.

[104] SENTURK M，OTRAR M，BAY B D，et al. Expectations of elderly people regarding urban renewal based on their cultural capital：the case of Istanbul [J]. Turk Geriatri Dergisi，2020，23（2）：241-250.

[105] ARSLAN G，GULTEKIN A B，KIVRAK S，et al. Built environment design - social sustainability relation in urban renewal [J]. Sustainable Cities and Society，2020，60.

[106] YE M，YU M，LI Z B，et al. Modeling the commuting travel activities within historic districts in Chinese cities [J]. Computational Intelligence and Neuroscience，2014（2014）.

[107] WANG Q P，YAN Y H，WANG K. Research on optimized design of road space in mixed sections of historical district：a case study of Xi'an China [J]. Canadian Journal of Civil Engineering，2021，48（9）：1105-1114.

[108] ONAC A K，BIRISCI T. Transformation of urban landscape value perception over time：

a Delphi technique application [J]. Environmental Monitoring and Assessment, 2019, 191 (12).

[109] WANG F, MAO W, DONG Y, et al. Implications for cultural landscape in a Chinese context: geo-analysis of spatial distribution of historic sites [J]. Chinese Geographical Science, 2018, 28 (1): 167-182.

[110] MA Y P. Extending 3D-GIS district models and BIM-based building models into computer gaming environment for better workflow of cultural heritage conservation [J]. Applied Sciences, 2021, 11 (5).

[111] FANG Y N, ZENG J, NAMAITI A. Landscape visual sensitivity assessment of historic districts: A case study of wudadao historic district in Tianjin, China [J]. International Journal of GEO-Information, 2021, 10 (3).

[112] WU F W, QIN S Y, SU C Y, et al. Development of evaluation index model for activation and promotion of public space in the historic district based on AHP/DEA [J]. Mathematical Problems in Engineering, 2021, 2021.

[113] CHAHARDOWLI M, SAJADZADEH H, ARAM F, et al. Survey of sustainable regeneration of historic and cultural cores of cities [J]. Energies, 2020, 13 (11).

[114] TAHERKHANI R, HASHEMPOUR N, LOTFI M. Sustainable-resilient urban revitalization framework: Residential buildings renovation in a historic district [J]. Journal of cleaner production, 2021, 286.

[115] BU X X, CHEN X, WANG S Q, et al. The influence of newly built high-rise buildings on visual impact assessment of historic urban landscapes: a case study of Xi'an Bell Tower [J]. Journal of Asian Architecture and Building Engineering, 2021, 21 (2): 1304-1319.

[116] HOU Q H, ZHANG L D, ZENG Z L, et al. Research on the evaluation method of the present building quality in urban renewal [J]. Journal of environmental protection and ecology, 2019, 20 (1): 376-386.

[117] YILDIZ S, KIVRAK S, ARSLAN G. Factors affecting environmental sustainability of urban renewal projects [J]. Civil Engineering and Environmental Systems, 2017, 34 (3-4): 264-277.

[118] GUO R, SONG X Y, LI P R, et al. Large-scale and refined green space identification-based sustainable urban renewal mode assessment [J]. Mathematical Problems in

Engineering, 2020, 2020 (Pt. 35).

[119] LI H L, LIN Y, WANG Y M, et al. Multi-criteria analysis of a people-oriented urban pedestrian road system using an integrated fuzzy AHP and DEA approach: A case study in Harbin, China [J]. Symmetry, 2021, 13 (11).

[120] KOU H Y, ZHOU J, CHEN J, et al. Conservation for sustainable development: The sustainability evaluation of the Xijie historic district, Dujiangyan City, China [J]. Sustainability, 2018, 10 (12).

[121] CHEN Y Y, YOO S, HWANG J. Fuzzy multiple criteria decision-making assessment of urban conservation in historic districts: Case study of Wenming historic block in Kunming City, China [J]. Journal of urban planning and development, 2017, 143 (1).

[122] TANG C C, ZHENG Q Q, NG P. A Study on the coordinative green development of tourist experience and commercialization of tourism at cultural heritage sites [J]. Sustainability, 2019, 11 (17).

[123] LEE G, LIN X, CHOE Y, et al. In the eyes of the beholder: The effect of the perceived authenticity of Sanfang Qixiang in Fuzhou, China, among locals and domestic tourists [J]. Sustainability, 2021, 13 (22).

[124] DOGAN U, GUNGOR M K, BOSTANCI B, et al. GIS based urban renewal area awareness and expectation analysis using fuzzy modeling [J]. Sustainable Cities and Society, 2020, 54.

[125] XU Y B, ROLLO J, JONES D S, et al. Towards sustainable heritage tourism: A space syntax-based analysis method to improve tourists' spatial cognition in Chinese historic districts [J]. BUILDINGS, 2020, 10 (2).

[126] GARAU C, ANNUNZIATA A, YAMU C. The multi-method tool 'PAST' for evaluating cultural routes in historical cities: Evidence from Cagliari, Italy [J]. Sustainability, 2020, 12 (14).

[127] WAHURWAGH A, DONGRE A. Burhanpur cultural landscape conservation: Inspiring quality for sustainable regeneration [J]. Sustainability, 2015, 7 (1): 932-946.

[128] GUZMAN P. Assessing the sustainable development of the historic urban landscape through local indicators. Lessons from a Mexican world heritage city [J]. Journal of Cultural Heritage, 2020, 46: 320-327.

[129] ANDERSEN H B, CHRISTIANSEN L B, KLINKER C D, et al. Increases in use and activity due to urban renewal: Effect of a natural experiment [J]. American Journal of Preventive Medicine, 2017, 53 (3): E81-E87.

[130] FOROUHAR A, HASANKHANI M. Urban renewal mega projects and residents' quality of life: Evidence from historical religious center of Mashhad metropolis [J]. Journal of urban health-Bulletin of the New York Academy of Medicine, 2018, 95 (2): 232-244.

[131] PENG C, LI C, ZOU Z Y, et al. Improvement of air quality and thermal environment in an old city District by constructing wind passages [J]. Sustainability, 2015, 7 (9): 1-21.

[132] ZENG F, SHEN Z J. Study on the impact of historic district built environment and its influence on residents' walking trips: A case study of Zhangzhou ancient city's historic district [J]. International Journal of Environmental Research and Public Health, 2020, 17 (12).

[133] FATORIC S, SEEKAMP E. A measurement framework to increase transparency in historic preservation decision-making under changing climate conditions [J]. Journal of Cultural Heritage, 2017, 30: 168-179.

[134] ZHANG J Y, ZHANG J Q, YU S L, et al. The sustainable development of street texture of historic and cultural districts-A case study in Shichahai district, Beijing [J]. Sustainability, 2018, 10 (7).

[135] WANG Q P, SUN H. Traffic structure optimization in historic districts based on green transportation and sustainable development concept [J]. Advances in civil engineering, 2019, 2019 (Pt. 2).

[136] KERN K, IRMISCH J, ODERMATT C, et al. Cultural heritage, sustainable development, and climate policy: Comparing the UNESCO world heritage cities of Potsdam and Bern [J]. Sustainability, 2021, 13 (16).

[137] LIU G W, YI Z Y, ZHANG X L, et al. An evaluation of urban renewal policies of Shenzhen, China [J]. Sustainability, 2017, 9 (6).

[138] LI H Y, DONG A L, HU X W, et al. Innovative research on urban renewal operation mechanism and evolution: based on ecological theory [J]. Fresenius Environmental Bulletin, 2021, (6).

[139] CUI J Q, BROERE W, LIN D. Underground space utilisation for urban renewal [J]. Tunnelling and underground space technology, 2021, 108.

[140] ABD-EL-GAWAD N S, AL-HAGLA K S, NASSAR D M. Place making as an approach to revitalize neglected urban open spaces (NUOS): A case study on Rod El Farag Fly-over in Shoubra, Cairo [J]. Alexandria Engineering Journal, 2019, 58 (3).

[141] PEREZ M G R, LAPRISE M, REY E. Fostering sustainable urban renewal at the neighborhood scale with a spatial decision support system [J]. Sustainable Cities and Society, 2018, 38.

[142] HUANG L J, ZHENG W, HONG J K, et al. Paths and strategies for sustainable urban renewal at the neighbourhood level: A framework for decision-making [J]. Sustainable Cities and Society, 2020, 55.

[143] ZHOU T, ZHOU Y L, LIU G W. Key variables for decision-making on urban renewal in China: A case study of Chongqing [J]. Sustainability, 2017, 9 (3).

[144] KANG L Y, ZHU W Y, YOON G G. VR design of public facilities in historical blocks based on BP neural network [J]. Neural Processing Letters, 2021, 53 (4).

[145] EGUSQUIZA A, PRIETO I, IZKARA J L, et al. Multi-scale urban data models for early-stage suitability assessment of energy conservation measures in historic urban areas [J]. Energy and Buildings, 2018, 164: 87-98.

[146] JIM C Y. Sustainable urban greening strategies for compact cities in developing and developed economies [J]. Urban Ecosystems, 2013, 16 (4): 741-761.